U0293210

职业教育课程改革创新教材

智能制造专业群系列教材

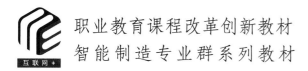

机电一体化设备组装与调试

主　编　孟庆龙

副主编　李志江　李　强

参　编　郭　旭　张冬梅

科学出版社

北　京

内 容 简 介

  本书是一本技能大赛成果转化教材，在行业、企业专家和课程专家的指导下，结合编者多年的教学经验、实践经验和大赛经验编写而成，由校企"双元"联合编写。

  本书依托机电一体化设备 YL-235A 进行编写，主要内容包括机电一体化设备的电气元器件与电路连接、机电一体化设备的气动元器件与气路连接、机电一体化设备部件的组装与调试、机电一体化设备控制程序的设计与调试、触摸屏的应用、综合组装与调试机电一体化设备。

  本书可作为职业院校机电类专业的教材，也可作为技能大赛的参考用书。

图书在版编目（CIP）数据

机电一体化设备组装与调试/孟庆龙主编. —北京：科学出版社，2022.12
职业教育课程改革创新教材　智能制造专业群系列教材
ISBN 978-7-03-066211-8

Ⅰ.①机… Ⅱ.①孟… Ⅲ.①机电一体化-设备-组装-职业教育-教材 ②机电一体化-设备-调试方法-职业教育-教材 Ⅳ.①TH-39

中国版本图书馆 CIP 数据核字（2020）第 178924 号

责任编辑：张振华 / 责任校对：马英菊
责任印制：吕春珉 / 封面设计：东方人华平面设计部

科学出版社 出版
北京东黄城根北街 16 号
邮政编码：100717
http://www.sciencep.com

三河市良远印务有限公司印刷
科学出版社发行　各地新华书店经销
*
2020 年 12 月第 一 版　开本：787×1092　1/16
2024 年 8 月第六次印刷　印张：12 1/4
字数：300 000

定价：38.00 元

（如有印装质量问题，我社负责调换）

销售部电话 010-62136230　编辑部电话 010-62135120-2005

前　言

教育是国之大计、党之大计。教育、科技、人才是全面建设社会主义现代化国家的基础性、战略性支撑。近年来，我国职业教育发展迅速，但是与世界先进水平仍有一定差距。为此，我国积极参与世界技能大赛（以下简称世赛）的比拼，希望能够通过对世赛的深入参与，将世赛中的先进标准与技工面貌贯穿于我国职业教育的日常教学之中。

党的二十大报告指出："加快建设国家战略人才力量，努力培养造就更多大师、战略科学家、一流科技领军人才和创新团队、青年科技人才、卓越工程师、大国工匠、高技能人才。"为了深入贯彻落实二十大报告精神，编者根据二十大报告和《职业院校教材管理办法》《高等学校课程思政建设指导纲要》《"十四五"职业教育规划教材建设实施方案》等相关文件精神，参照世赛机电一体化项目的技术文件和评分标准来细化学习模块和内容。本书编写紧紧围绕"培养什么人、怎样培养人、为谁培养人"这一教育的根本问题，以落实立德树人为根本任务，以学生综合职业能力培养为中心，以培养卓越工程师、大国工匠、高技能人才为目标。在机电一体化设备 YL-235A 的基础上全面介绍机械安装、电路连接、气动技术、PLC 技术、变频器技术、触摸屏技术、传感器技术和设备调试。

本书围绕"学以致用"，突出技能培养，力求"学做合一""理实一体"，并结合技能大赛，以赛促教、以赛促练，培养学生分析问题、解决问题的能力。编者在编写本书时努力将竞赛标准向教学标准转化，将竞赛课题向实训课题转化，将竞赛成果向教学成果转化。本书具有以下主要特点。

（1）世赛成果转化，与时俱进响应时代要求。本书的编写与竞赛理念、技术标准、比赛规则紧密结合，通过对世赛实施方案的研究分析，结合课程教学的实际，将一个个任务呈现在书中，让学生一步一步地掌握机电一体化设备组装与调试技术，提升学生的职业能力。

（2）匠心培养，精益求精的职业教育特色。本书结合当前课程教学的实际，严格按照科学、规范技术标准考核学生，通过完成任务使学生掌握知识点，训练专业技能，提升动手能力；并在任务完成的过程中融入敬业、精益、专注、创新的"工匠精神"，在立德树人根本教育任务的指引下，完善职业院校学生"工匠精神"的培育体系。

（3）促进教学改革，提高竞赛水平。本书与竞赛项目内容紧密结合，既为参赛选手提供全面、细致的指导，又为技能大赛引领的专业教学改革指引方向，将大赛经验应用到实际教学中，让学生学习有用、够用的专业知识与技能。

（4）编者具有丰富的参赛与选手指导经验。本书从获奖选手、指导教师和竞赛设备供应企业工程师的角度总结经验和感悟，并将其融入书中项目设计、编写中，使学生易学、易懂、易上手。

（5）书中重点内容配有图片，直观形象，更易于学生学习理解。

由于编者经验、水平有限，加之时间仓促，本书不可避免地存在不足之处，敬请广大读者批评指正。

目　录

项目 1

机电一体化设备的电气元器件与电路连接

>>>>>

◎ **项目导读**

　　本书主要以机电一体化设备 YL-235A（图 1-0-1）作为实训设备。该设备由铝合金导轨式实训台、典型机电一体化设备的机械部件、PLC 模块单元、触摸屏模块单元、变频器模块单元、电源模块单元、模拟生产设备实训模块、接线端子排和各种传感器等组成。其整体结构采用开放式和拆装式，实训装置可用机械部件组装，可根据现有的机械部件组装生产实训设备，也可添加机械部件组装其他生产实训设备，使整个装置能够灵活地按教学或竞赛要求组装成具有模拟生产功能的机电一体化设备。模块采用标准结构、抽屉式模块放置架进行放置，互换性强；可以按照具有生产性功能和整合学习功能的原则确定模块内容，使教学或竞赛时可方便地选择需要的模块。

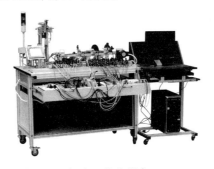

图 1-0-1　机电一体化设备 YL-235A

　　该设备包含机电一体化专业学习中所涉及的如电动机驱动、机械传动、气动、触摸屏控制、可编程序控制器（programmable logic controller，PLC）、传感器、变频调速等多项技术，为学生提供了一个典型的综合实训环境，使学生可以全面认识过去学过的诸多专业知识和基础知识，并对其进行综合的训练和实际运用。

◎ **学习目标**

- 了解机电一体化设备 YL-235A 的组成及特点，并能进行正确检测。
- 掌握机电一体化设置 YL-235A 电气元器件的使用方法，并能根据电路图进行线路安装。

◎ **思政目标**

- 树立正确的学习观、价值观，自觉践行行业道德规范。
- 牢固树立质量第一、信誉第一的强烈意识。
- 遵规守纪，安全生产，爱护设备，钻研技术。
- 发扬一丝不苟、精益求精的"工匠精神"。

任务 1.1 机电一体化设备供电部分的认识

任务描述

下面主要介绍机电一体化设备 YL-235A 的供电部分。通过本任务的学习，学生应掌握机电一体化设备 YL-235A 供电部分的知识。

相关知识

在机电一体化设备 YL-235A 中总电源由三相安全插座和插头提供。三相安全插座连接三相五线的交流（AC）380V 电源，三相安全插头连接机电一体化设备 YL-235A 电源模块上的三相剩余电流断路器，如图 1-1-1 所示。

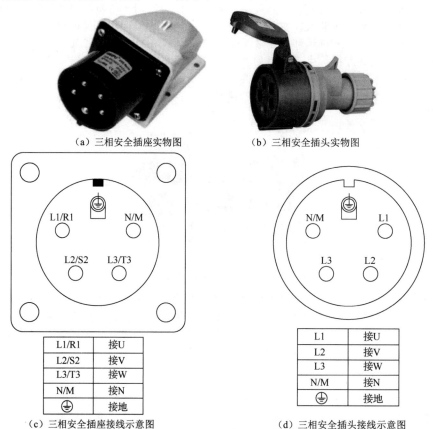

（a）三相安全插座实物图　　（b）三相安全插头实物图

L1/R1	接U
L2/S2	接V
L3/T3	接W
N/M	接N
⏚	接地

（c）三相安全插座接线示意图

L1	接U
L2	接V
L3	接W
N/M	接N
⏚	接地

（d）三相安全插头接线示意图

图 1-1-1　机电一体化设备 YL-235A 供电部件

机电一体化设备 YL-235A 中 PLC 模块、按钮模块需要的 AC220V 电源及变频器模块需要的 AC380V 电源，均由电源模块提供；AC380V 电源由 3 个插孔输出，这 3 个插孔分别标注为 U、V、W；AC220V 电源由两个单相插座输出。电源模块还提供一个中性线（零线）插孔（N）和一个保护接线插孔（PE）。电源模块的面板和内部电路如图 1-1-2 所示。

（a）电源模块的面板

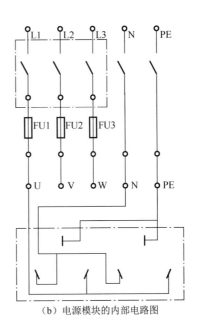
（b）电源模块的内部电路图

图 1-1-2 电源模块的面板和内部电路

该电源模块中的三相四线剩余电流断路器是实训设备中的总电源控制开关，其具有过载保护、短路保护和漏电保护功能。三相四线剩余电流断路器负载侧接一组熔断器，配有熔断电流为 2A 的熔丝作为实训设备工作时的负载短路保护。

任务实施

在教师的指导下，认识机电一体化设备 YL-235A 电源模块上的三相四线剩余电流断路器，并熟悉电源模块的面板和内部电路图，完成电路图的绘制、电路的测量，并完成测量记录。

任务评价

本任务以理论知识学习为主，以相关实际操作为辅，从而达到理论指导实践的教学目的。任务评价主要对理论知识的掌握、安全文明、学习态度等进行评价（表 1-1-1）。

表 1-1-1 任务评价表

评分内容	配分	评分标准	扣分	得分
理论知识	60 分	认识三相四线剩余电流断路器实物，5 分		
		能正确识读三相四线剩余电流断路器接线示意图等，10 分		
		识读电源模块的面板和内部电路图，20 分		
		电路图的绘制、测量、记录，25 分		
安全文明	10 分	遵守实训室规程，5 分		
		工作服穿戴整齐，5 分		
学习态度	30 分	考勤情况，5～10 分		
		小组讨论及协作，10 分		
		任务完成记录上交及时，完成情况较好，5～10 分		

总结与反思：

思考与练习

1．如何正确使用万用表测量不同形式、不同等级的电压？

2．电源使用中会遇到哪些问题？请简述其原因并说明解决的方法。

3．思考安全插座的使用注意事项。

4．设备中的熔丝如何测量？如何安装？你遇到过什么样的电源问题？导致了什么样的结果？

任务 1.2 机电一体化设备基本电气元器件的认识与使用

任务描述

下面主要介绍机电一体化设备 YL-235A 中的基本电气元器件。通过本任务的学习，学生应掌握机电一体化设备 YL-235A 电气元器件的基本知识。

相关知识

机电一体化设备 YL-235A 的电气元器件主要有警示灯、指示灯、各种开关、蜂鸣器等。这些电气元器件都安装在两个部件上：一个是按钮模块，如图 1-2-1 所示；另一个是警示灯，如图 1-2-2 所示。

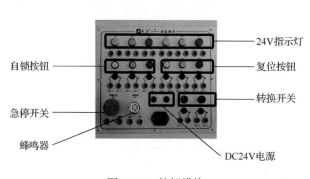

图 1-2-1　按钮模块

图 1-2-2　警示灯

1.2.1　警示灯与指示灯

为了便于识别设备处于何种状态，防止意外事故的发生，保证设备和人身的安全，通常需要在机电设备上设置各种标志。警示灯和指示灯就是显示设备工作状态的标志。根据需要，警示灯和指示灯都可以显示设备电源是否正常、设备运行是否正常、处于哪种工作方式、出现了何种故障或某种特殊情况等，实际显示什么，需要人们事先约定。

1. 警示灯

机电一体化设备 YL-235A 采用了 LTA-205 型红绿双色闪亮警示灯,其外形和安装支架如图 1-2-3 所示。

(1)警示灯的符号

警示灯是以闪烁方式工作的,其图形符号和文字符号如图 1-2-4 所示,如果要求指示颜色,则在靠近符号处标出下列代码:RD—红,YE—黄,GN—绿,BU—蓝,WH—白。

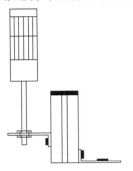

图 1-2-3　警示灯外形和安装支架　　　　图 1-2-4　警示灯图形符号和文字符号

(2)警示灯的电路连接

机电一体化设备 YL-235A 的警示灯共有绿色和红色两种颜色,但有多种连接方式,可以红绿灯同时亮,也可以红绿灯分别亮,还可以只用其中的一盏灯。警示灯外部引线为 5 根,其接线示意图如图 1-2-5 所示,其中 2 根并在一起的是电源线(红线接"+24V",黑红双色线接"GND"),其余 3 根是信号控制线(棕色线为信号公共端,如果将信号控制线中的红色线和棕色线接通,则红灯闪烁;如果将信号控制线中的绿色线和棕色线接通,则绿灯闪烁)。因此,如果要用开关来控制警示灯,除提供电源外,还要将开关接入信号公共端引线和被控警示灯的引线之间。

机电一体化设备 YL-235A 用警示灯中的红绿双色灯同时亮来指示系统电源接通的电路,如图 1-2-6 所示。因为红绿双色灯同时指示,所以红绿两灯的控制线需连接在一起。另外,若系统电源接通,则警示灯的双色灯同时亮,所以灯的控制端(电源正极)和信号公共端也需要连接在一起。

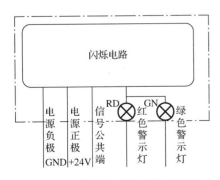

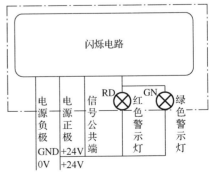

图 1-2-5　警示灯引线接线示意图　　　　图 1-2-6　红绿双色闪亮警示灯同时指示

电源接通的电路图

2．指示灯

如图 1-2-1 所示，机电一体化设备 YL-235A 的 6 盏指示灯（红、绿、黄各两盏）都安装在按钮模块上，指示灯型号是 AD16-16C，工作电压是 AC24V 或 DC24V，每盏灯的连接线都引到了模块的安全插孔上。

（1）符号

指示灯的图形符号和文字符号同警示灯。如果要求指示颜色，则在靠近符号处标出下列代码：RD—红，YE—黄，GN—绿，BU—蓝，WH—白。

（2）指示灯的电路连接

当指示灯用开关来控制时，其连接电路如图 1-2-7 所示；当指示灯由 PLC 输出来控制时，其连接电路如图 1-2-8 所示。

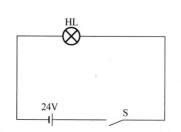

图 1-2-7　开关控制指示灯的连接电路

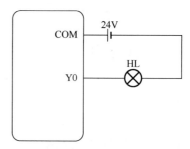

图 1-2-8　PLC 控制指示灯的连接电路

1.2.2　按钮和转换开关

1．按钮和转换开关的作用

按钮和转换开关都属于主令电器，一般用来发出启动、停止、暂停等信号或实现工作方式的选择。

机电一体化设备 YL-235A 的按钮和转换开关都装在按钮模块上（如图 1-2-1 中第二排为按钮），其使用的按钮型号是 L16A，左边 3 个按钮（黄色按钮、绿色按钮、红色按钮）是自锁按钮（按下按钮后松开不会恢复，要想让按钮恢复需要再按一次按钮），右边 3 个按钮（黄色按钮、绿色按钮、红色按钮）是复位按钮（按下按钮后松开，按钮会自动复位），两个黄色开关是两个挡位转换开关，转换开关的型号也是 L16A。

2．按钮和转换开关的符号

按钮有两组触点，其中一组是动断触点，另一组是动合触点，而转换开关只有一组动合触点。它们的图形符号和文字符号分别如图 1-2-9 和图 1-2-10 所示。

图 1-2-9　按钮的图形符号和文字符号　　　　图 1-2-10　转换开关的图形符号和文字符号

1.2.3 急停开关

1. 急停开关的作用

急停开关的作用是当机器发生严重故障或遇到紧急情况时，按下此开关切断电源或断开所有输出回路，以保护机器免受破坏。

一旦发生故障或遇到紧急情况，可按下急停开关，其触点立即断开，并保持在断开状态，当故障排除后再将急停开关恢复，其触点才能恢复闭合，设备才能启动工作。

2. 急停开关的符号

机电一体化设备 YL-235A 使用的是蘑菇形急停开关，型号是 LA68B-BE102，安装在按钮模块的左下角，其接线端都连接到按钮模块面板的插接孔上，如图 1-2-1 所示。其图形符号和文字符号如图 1-2-11 所示。

1.2.4 蜂鸣器

1. 蜂鸣器的作用

蜂鸣器是一体化结构的电子讯响器，常用作计算机、打印机、复印机、报警器、电子玩具、汽车电子设备、电话机、定时器等电子产品中的发声器件。

机电一体化设备 YL-235A 中的蜂鸣器可以用于报警或提示。

2. 蜂鸣器的符号

蜂鸣器的图形符号和文字符号如图 1-2-12 所示。

图 1-2-11 急停开关的图形符号和文字符号　　图 1-2-12 蜂鸣器的图形符号和文字符号

任务实施

在教师的指导下，认识机电一体化设备 YL-235A 电气元器件警示灯、指示灯、各种开关、蜂鸣器等，并熟悉按钮模块的面板和内部电路图，了解各元器件的基本参数，完成元器件符号的绘制、元器件的测量，并完成实际测量记录。

任务评价

本任务以理论知识学习为主，以相关实际操作为辅，从而达到理论指导实践的教学目的。任务评价主要对理论知识的掌握、安全文明、学习态度等进行评价（表 1-2-1）。

表 1-2-1 任务评价表

评分内容	配分	评分标准	扣分	得分
理论知识	60分	认识机电一体化设备 YL-235A 电气元器件实物，5 分		
		能正确识读各元器件图形符号、文字符号等，10 分		
		能了解按钮模块面板和内部电路图，20 分		
		元件符号的绘制、测量、记录，25 分		
安全文明	10分	遵守实训室规程，5 分		
		工作服穿戴整齐，5 分		
学习态度	30分	考勤情况，5～10 分		
		小组讨论及协作，10 分		
		任务完成记录上交及时，完成情况较好，5～10 分		

总结与反思：

思考与练习

1．如何安装接线报警灯？有几种安装方法和控制方法？
2．在各种开关调试时遇到了哪些问题？请简述其原因并说明解决的方法。
3．各种指示灯、蜂鸣器、电源在使用中会出现什么样的问题？如何解决？
4．按钮模块在使用中会出现什么样的问题？如何分析解决问题？

任务 1.3 机电一体化设备传感器的认识与使用

任务描述

下面主要介绍机电一体化设备 YL-235A 中使用的传感器。通过本任务的学习，学生应掌握各种传感器的知识。

相关知识

传感器是能感受规定的被测量并按照一定的规律转换成可用信号的器件装置，通常由敏感元件和转换元件组成。传感器能感受到被测量的信息，并能将感受到的信息按一定规律变换成电信号或其他所需形式的信息输出，以满足信息的传输、处理、存储、显示、记录和控制等要求，它是当今控制系统中实现自动化、系统化、智能化的首要环节。

机电一体化设备 YL-235A 中使用的传感器都是接近传感器，它利用传感器对所接近物体具有的敏感特性来识别接近的物体，并输出相应开关信号，因此，接近传感器通常又称接近开关。

接近传感器有多种检测功能，包括检测由电磁感应引起的金属体中产生的涡电流、捕捉由于检测体的接近引起的电气信号的容量变化、利用磁石和引导开关及光电效应和光电转换器件作为检测元件等。机电一体化设备 YL-235A 的物料检测、各气缸的动作是否到位的检测都是通过传感器来实现的，因此使用了磁性、电感式、光电、光纤等多种传感器。

部分接近传感器的图形符号如图 1-3-1 所示，其中（a）、（b）、（c）三种情况均使用 NPN 型晶体管集电极开路输出。如果使用 PNP 型，则正负极性相反。

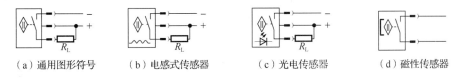

（a）通用图形符号　　　（b）电感式传感器　　　（c）光电传感器　　　（d）磁性传感器

图 1-3-1　部分接近传感器的图形符号

1.3.1　磁性传感器

1. 磁性传感器的认识

机电一体化设备 YL-235A 所使用的气缸都是带磁性传感器的气缸。这些气缸的缸筒采用导磁性弱、隔磁性强的材料，如硬铝、不锈钢等。在非磁性体的活塞上安装一个永久磁铁作为磁环，这样就提供了一个反映气缸活塞位置的磁场。而安装在气缸外侧的磁性传感器是用来检测气缸活塞位置的，即检测活塞的运动行程。

触点式磁性传感器用舌簧开关作为磁场检测元件。舌簧开关成型于合成树脂块内，并且一般动作指示灯、过电压保护电路也塑封在内。图 1-3-2 是带磁性传感器的气缸的工作原理图。当气缸中随活塞移动的磁环靠近传感器时，舌簧开关的两根簧片因被磁化而相互吸引，触点闭合；当磁环远离传感器时，簧片失磁，触点断开。触点闭合或断开时发出电控信号。在 PLC 的自动控制中，可以利用该信号判断推料及顶料缸的运动状态或所处的位置，以确定工件是否被推出或气缸是否返回。

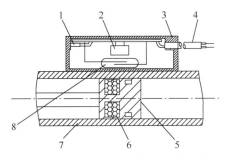

1—动作指示灯；2—保护电路；3—开关外壳；4—导线；5—活塞；6—磁环（永久磁铁）；7—缸筒；8—舌簧开关。

图 1-3-2　带磁性传感器的气缸的工作原理图

在磁性传感器上设置的 LED 用于显示其信号状态，供调试时使用。磁性开关（舌簧开关）动作时，输出信号"1"，LED 亮；磁性开关不动作时，输出信号"0"，LED 不亮。

磁性开关的安装位置可以调整，调整方法是松开它的紧固螺栓，让磁性开关顺着气缸滑动，到达指定位置后，再旋紧紧固螺栓。

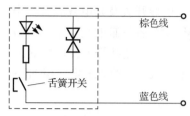

图 1-3-3　磁性开关内部电路

磁性开关有蓝色和棕色两根引出线，使用时蓝色引出线应连接到 PLC 输入公共端，棕色引出线应连接到 PLC 输入端。磁性开关的内部电路如图 1-3-3 中虚线框内所示。

2．磁性传感器的使用

在机电一体化设备 YL-235A 中所使用的磁性传感器有 D-C73、D-Z73 和 D-Y59B 共 3 种型号，它们的外形结构如图 1-3-4 所示。其中，D-C73 检测机械手升降气缸的位置，D-Z73 检测机械手的伸缩气缸的位置，D-Y59B 检测气动手爪是否夹紧。

（a）D-C73 磁性传感器

（b）D-Z73 磁性传感器

（c）D-Y59B 磁性传感器

图 1-3-4　3 种型号的磁性传感器

1.3.2　电感式传感器

1．电感式传感器的认识

电感式传感器是利用电涡流效应制造的传感器。电涡流效应是指当金属物体处于一个交变的磁场中时，在金属内部会产生交变的电涡流，该涡流又会反作用于产生它的磁场。如果这个交变的磁场是由一个电感线圈产生的，则这个电感线圈中的电流就会发生变化，用于平衡涡流产生的磁场。

利用这一原理，以高频振荡器（LC 振荡器）中的电感线圈作为检测元件，当被测金属物体接近电感线圈时产生了涡流效应，引起振荡器振幅或频率的变化，由传感器的信号调理电路（包括检波、放大、整形、输出等电路）将该变化转换成开关量输出，从而达到检测目的。电感式传感器的原理框图如图 1-3-5 所示，其外形如图 1-3-6 所示。

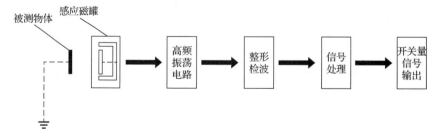

图 1-3-5　电感式传感器的原理框图

图 1-3-6　电感式传感器的外形

2．电感式传感器的使用

在电感式传感器的选用和安装过程中，必须认真考虑检测距离、设定距离，保证生产线上的传感器可靠动作。安装距离说明如图 1-3-7 所示。

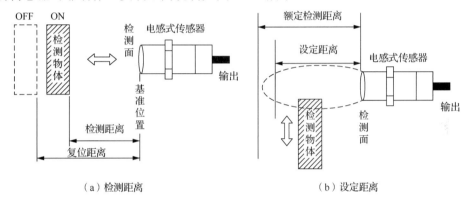

（a）检测距离　　　　　　　　　　　　（b）设定距离

图 1-3-7　安装距离说明

用电感式传感器检测铁质材料时，工作电压为 DC10～30V，检测距离为 1～8mm（接线时应注意棕色线接"＋"、蓝色线接"－"、黑色线接输出）。电感式传感器接线示意图如图 1-3-8 所示。

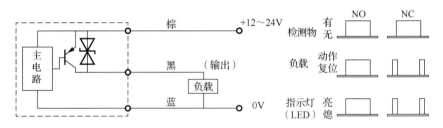

图 1-3-8　电感式传感器接线示意图

1.3.3　光电传感器

1．光电传感器的认识

光电传感器是利用光的各种性质，检测物体有无和表面状态变化等的传感器。其工作原理如图 1-3-9 所示。

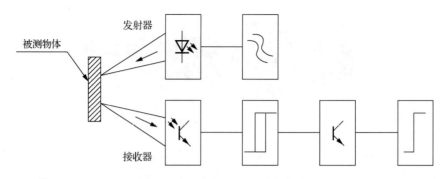

图 1-3-9　光电传感器的工作原理

光电传感器主要由光发射器和光接收器构成。如果光发射器发射的光线因检测物体不同而被遮掩或反射，到达光接收器的量将会发生变化。光接收器的敏感元件将检测出这种变化，并将其转换为电气信号，进行输出。光发射器大多使用可视光（主要为红色，也用绿色、蓝色来判断颜色）和红外光。

按照接收器接收光的方式的不同，光电传感器可分为对射式、漫射式和反射式 3 种，如图 1-3-10 所示。

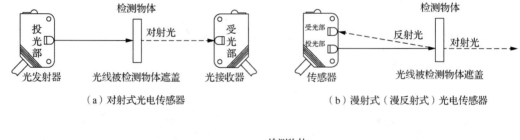

（a）对射式光电传感器　　　　　　　　　　（b）漫射式（漫反射式）光电传感器

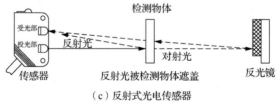

（c）反射式光电传感器

图 1-3-10　光电式传感器

2．光电传感器的使用

机电一体化设备 YL-235A 中，有两种光电传感器，一种是 E3Z-LS61，另一种是 GO12-MDNA-AM，它们都属于用来检测工件有无的漫射式光电传感器。

E3Z-LS61 型光电传感器（细小光束型，NPN 型晶体管集电极开路输出）的外形和调节旋钮、显示灯如图 1-3-11 所示。其中，动作选择开关的功能是选择受光动作（light）或遮光动作（drag）模式，即当此开关按顺时针方向充分旋转时（L 侧），进入检测-ON 模式；当此开关按逆时针方向充分旋转时（D 侧），则进入检测-OFF 模式。

距离设定旋钮是 5 回转调节器，调整距离时注意逐步轻微旋转，若充分旋转，距离调节器会空转。调整的方法是：首先按逆时针方向将距离设定旋钮充分旋到最小检测距离

（E3Z-LS61 约 20mm），然后根据要求距离放置检测物体，按顺时针方向逐步旋转距离设定旋钮，找到传感器进入检测条件的点；拉开检测物体距离，按顺时针方向进一步旋转距离设定旋钮，找到传感器再次进入检测状态的点，一旦进入，向后旋转距离设定旋钮，直到传感器回到非检测状态的点。两点之间的中点为稳定检测物体的最佳位置。

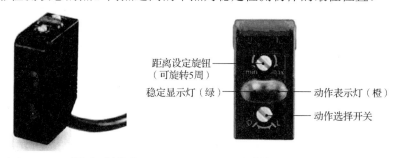

（a）E3Z-LS61型光电开关外形　　　　　　（b）调节旋钮和显示灯

图 1-3-11　E3Z-LS61 型光电传感器的外形和调节旋钮、显示灯

图 1-3-12 为 E3Z-LS61 型光电传感器的内部电路原理框图。

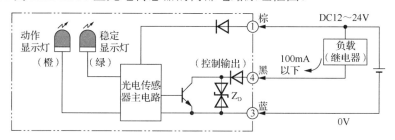

图 1-3-12　E3Z-LS61 型光电传感器的内部电路原理框图

GO12-MDNA-AM 型光电传感器（图 1-3-13）的检测距离为 3～100mm，额定电压为 DC10～30V，额定电流为 200mA，响应时间小于 3ms，具有调节灵敏、动作前后可延时、体积小、使用简单、性能稳定、寿命长、响应速度快、抗冲击、耐振动、不受外界干扰等特点，广泛用于现代轻工、机械、冶金、交通、电力、纺织、军工、烟草、矿山等行业。

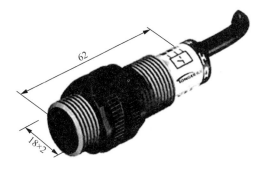

图 1-3-13　GO12-MDNA-AM 型光电传感器

光电传感器有 3 根连接线（棕、蓝、黑），棕色接电源的正极，蓝色接电源的负极，黑色为输出信号，当与挡块接近时输出电平为低电平，否则为高电平。

1.3.4 光纤传感器

1. 光纤传感器的认识

光纤传感器是光电传感器的一种，相对于传统电量型传感器（热电偶、热电阻、压阻式、振弦式、磁电式），其具有抗电磁干扰，可工作于恶劣环境，传输距离远，使用寿命长的优点。此外，因为光纤头具有较小的体积，所以其可以安装在空间很小的地方。

光纤传感器由光纤检测头、放大器等组成。放大器和光纤检测头是分离的两个部分，光纤检测头的尾端分成两条光纤，使用时分别插入放大器的两个光纤孔。光纤传感器组件如图 1-3-14 所示。图 1-3-15 是放大器的安装示意图。

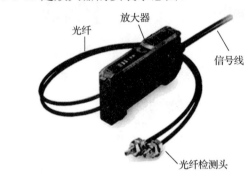

图 1-3-14　光纤传感器组件

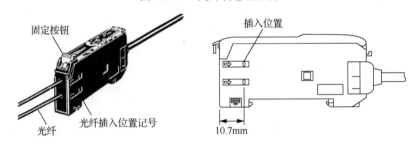

图 1-3-15　放大器的安装示意图

2. 光纤传感器的使用

机电一体化设备 YL-235A 中，使用 E3Z-NA11 型光纤传感器。光纤传感器的灵敏度调节范围较大。当灵敏度调得较小时：对于反射性较差的黑色物体，光纤传感器无法接收其反射信号；对于反射性较好的白色物体，光纤传感器可以接收其反射信号。反之，若调高光纤传感器灵敏度，则即使是反射性较差的黑色物体，光纤传感器也可以接收其反射信号。因此，可以通过调节灵敏度判别黑白两种颜色的物体，将两种物料区分开，从而完成自动分拣工序。图 1-3-16 给出了光纤传感器放大器单元的俯视图，调节其中部的 8 旋转灵敏度高速旋钮就能进行放大器灵敏度调节（顺时针旋转灵敏度增大）。调节时，可以看到"入光量显示灯"发光的变化。当光纤传感器检测到物料时，"动作显示灯"亮，提示检测到物料。

E3Z-NA11 型光纤传感器电路原理框图如图 1-3-17 所示。接线时，应注意根据导线颜色判断电源极性和信号输出线，切勿把信号输出线直接连接到电源+24V 端。

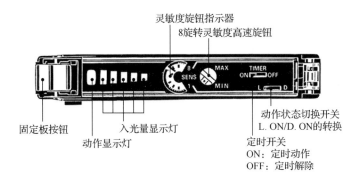

图 1-3-16 E3Z-NA11 型光纤传感器放大器单元的俯视图

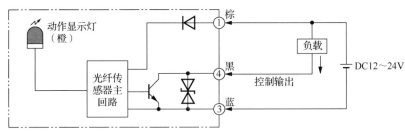

图 1-3-17 E3Z-NA11 型光纤传感器电路原理框图

任务实施

在教师的指导下，认识机电一体化设备 YL-235A 所使用的各种传感器，并熟悉传感器的工作原理和内部电路图，了解各传感器的基本参数和接线安装注意事项，完成各种传感器符号的绘制、电路图的绘制、传感器的测量，并完成实际测量记录。

任务评价

本任务以理论知识学习为主，相关实际操作为辅，从而达到理论指导实践的教学目的。任务评价主要对理论知识的掌握、安全文明、学习态度等进行评价（表 1-3-1）。

表 1-3-1 任务评价表

评分内容	配分	评分标准	扣分	得分
理论知识	60 分	认识机电一体化设备 YL-235A 中的各种传感器实物，5 分		
		能正确识读各类传感器图形符号、文字符号等，10 分		
		能了解传感器的基本参数和内部电路图，20 分		
		传感器符号的绘制、测量、记录，25 分		
安全文明	10 分	遵守实训室规程，5 分		
		工作服穿戴整齐，5 分		
学习态度	30 分	考勤情况，5～10 分		
		小组讨论及协作，10 分		
		任务完成记录上交及时，完成情况较好，5～10 分		

总结与反思：

思考与练习

1．如何防止传感器电路短路的发生？

2．在调试各种传感器时遇到了哪些问题？请简述其原因并说明解决的方法。

3．是否有更好的方法来调整光电传感器，使其对 3 种不同材质的物料都能准确地进行判断？

4．传感器的位置检测可以进一步调整优化吗？是否可使运行设备准确？

任务 1.4 机电一体化设备的 PLC 及其使用

任务描述

下面主要介绍机电一体化设备 YL-235A 中配置的 PLC——FX$_{3U}$-48MR。通过本任务的学习，学生应掌握 PLC 的基本知识。

相关知识

1.4.1 三菱 FX$_{3U}$-48MR 的认识

机电一体化设备 YL-235A 中配置三菱 PLC 的型号为 FX$_{3U}$-48MR。该型号 PLC 共有 24 个输入（input，I）口，24 个输出（output，O）口，输入电源为 AC86～256V，输出方式为继电器输出，连接电缆为 RS-232。

1．三菱 FX$_{3U}$-48MR 面板

三菱 FX$_{3U}$-48MR 面板如图 1-4-1 所示，其上下两侧各有一排接口，上端为 PLC 供电电源、内部 DC24V 电源和输入端接口，下端为 PLC 输出端接口；靠近输入接口的一侧有两排指示灯，用来指示相应的输入端是否有信号输入，靠近输出接口的一侧也有两排指示灯，用来指示相应的输出端是否有信号输出。当有信号时，对应的指示灯亮；当无信号时，对应的指示灯熄灭。另外，还有一排指示灯分别用来指示 PLC 的电源、工作状态、程序是否出错等。

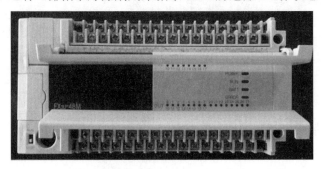

图 1-4-1　三菱 FX$_{3U}$-48MR 面板

2．三菱 FX₃ᵤ-48MR 模块的面板结构

三菱 FX₃ᵤ-48MR 模块的面板结构如图 1-4-2 所示，其输入端子、输出端子、内部 DC24V 电源及外部电源接线端都引出到模块的面板插孔上。图 1-4-2 中左部并列的三排插孔为 PLC 输出端子和公共端子的引出接孔，最下端还有一个 PLC 的电源开关和 PLC 电源连接插座。中部最下端的两个插孔为 PLC 内部 DC24V 和 0V 的引出接孔。右部并列的两排插孔为 PLC 输入端子引出接孔，还有两排开关，可以给 PLC 的输入端子提供输入信号。当开关接通时，相应的输入指示灯亮，用于指示该输入端有信号输入。

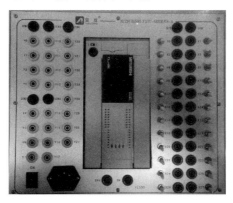

图 1-4-2　三菱 FX₃ᵤ-48MR 模块的面板结构

1.4.2　PLC 模块的外部接线

PLC 模块的输入端子一般采用汇点式接线方式，如图 1-4-3 所示；输出端子的接线一般根据负载的不同分组，采用分组式接线方式，如图 1-4-4 所示。三菱 FX₃ᵤ-48MR 的输出端具体分为 Y0～Y3、Y4～Y7、Y10～Y13、Y14～Y17、Y20～Y27 共 5 组，如果要将不同的组合成一组，则需要将 COM 端短接。

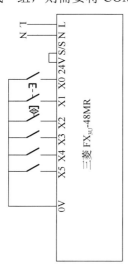

图 1-4-3　输入端子接线示意图

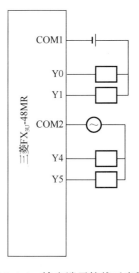

图 1-4-4　输出端子接线示意图

任务实施

在教师的指导下，认识实训室机电一体化设备 YL-235A 所使用的 PLC 三菱 FX$_{3U}$-48MR，并熟悉 PLC 三菱 FX$_{3U}$-48MR 的面板基本结构和设备 PLC 模块内部电路，了解 PLC 的基本参数和输入输出接口电路，完成 PLC 输入/输出接线示意图的绘制、接线端子的测量，并完成测量结果记录。

任务评价

本任务以理论知识学习为主，相关实际操作为辅，从而达到理论指导实践的教学目的。任务评价主要对理论知识的掌握、安全文明、学习态度等进行评价（表 1-4-1）。

表 1-4-1　任务评价表

评分内容	配分	评分标准	扣分	得分
理论知识	60 分	认识机电一体化设备 YL-235A 使用的 PLC 三菱 FX$_{3U}$-48MR 实物，5 分		
		能正确识读 PLC 面板结构、了解含义等，10 分		
		能了解 PLC 的基本参数和设备 PLC 模块内部电路，20 分		
		PLC 输入/输出接线示意图的绘制、测量、记录，25 分		
安全文明	10 分	遵守实训室规程，5 分		
		工作服穿戴整齐，5 分		
学习态度	30 分	考勤情况，5～10 分		
		小组讨论及协作，10 分		
		任务完成记录上交及时，完成情况较好，5～10 分		

总结与反思：

思考与练习

1．PLC 输出公共端 COM 是如何分布的？请简述其原因并说明。

2．传感器如何安装至 PLC 输入侧？两线制和三线制传感器如何接线？

3．PLC 的输出如何与负载接线？电源如何选择？

任务 1.5　机电一体化设备的变频器及其使用

任务描述

下面介绍变频器的知识。通过本任务的学习，学生应掌握变频器的相关知识。

相关知识

在使用三菱 PLC 的机电一体化设备 YL-235A 中，变频器选用三菱 FR-E700 系列变频器中的 FR-E740-0.75K-CHT 型变频器。该变频器的额定电压等级为三相 400V，适用容量为 0.75kW 及以下的电动机。

FR-E700 系列变频器是 FR-E500 系列变频器的升级产品，是一种小型、高性能变频器。在机电一体化设备 YL-235A 上进行实训时，所涉及的是使用通用变频器必需的基本知识和技能，重点是变频器的接线、常用参数的设置等方面。下面重点介绍三菱 FR-E740-0.75K-CHT 型变频器。

1.5.1   三菱 FR-E740-0.75K-CHT 型变频器

1．三菱 FR-E740-0.75K-CHT 型变频器的外观

三菱 FR-E740-0.75K-CHT 型变频器的外观及型号定义如图 1-5-1 所示。

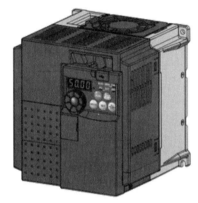

（a）变频器外观

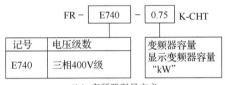

| FR | — | E740 | — | 0.75 | K-CHT |

记号	电压级数
E740	三相400V级

变频器容量
显示变频器容量
"kW"

（b）变频器型号定义

图 1-5-1   FR-E740-0.75K-CHT 变频器外观及型号定义

2．FR-E740-0.75K-CHT 变频器电路接线

FR-E740-0.75K-CHT 变频器主电路的通用接线如图 1-5-2 所示。

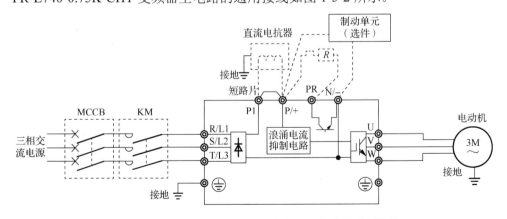

图 1-5-2   FR-E740-0.75K-CHT 变频器主电路的通用接线

相关说明如下。

1）端子 P1、P/+ 之间用以连接直流电抗器，不需连接时，两端子间短路。

2）P/+ 与 PR 之间用以连接制动电阻器，P/+ 与 N/- 之间用以连接制动单元（选件）。机电一体化设备 YL-235A 均未使用这些，故用虚线画出。

3）交流接触器 KM 用于对变频器进行安全保护，注意不要通过此交流接触器来启动或停止变频器工作，否则可能降低变频器寿命。在机电一体化设备 YL-235A 中，没有使用这个交流接触器。

4）进行主电路接线时，应确保输入、输出端接线正确，即电源线必须连接至 R/L1、S/L2、T/L3，绝对不能接 U、V、W，否则会损坏变频器。

FR-E740-0.75K-CHT 变频器控制电路的接线如图 1-5-3 所示。

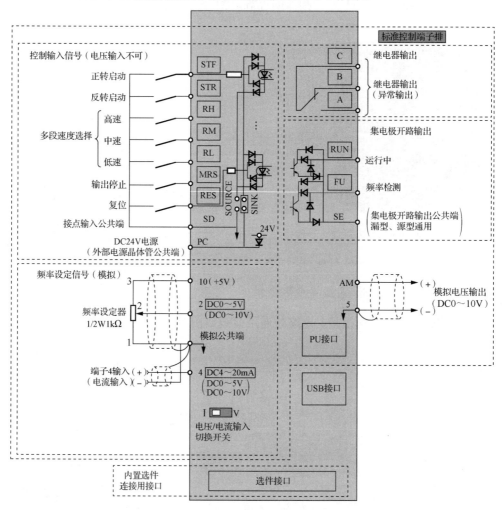

图 1-5-3　FR-E740-0.75K-CHT 变频器控制电路的接线

图 1-5-3 中，控制电路端子分为控制输入、频率设定（模拟量输入）、继电器输出（异常输出）、集电极开路输出（状态检测）和模拟电压输出 5 个区域，各端子的功能可通过调整相关参数的值进行变更。各控制电路端子的功能说明如表 1-5-1～表 1-5-3 所示。

表 1-5-1　控制电路输入端子的功能说明

种类	端子编号	端子名称	端子功能说明	
控制输入	STF	正转启动	STF 信号为 ON 时正转，为 OFF 时停止	STF、STR 信号同时为 ON 时变成停止指令
	STR	反转启动	STR 信号为 ON 时反转，为 OFF 时停止	
	RH RM RL	多段速度选择	用 RH、RM 和 RL 信号的组合可以选择多段速度	
	MRS	输出停止	MRS 信号为 ON（20ms 或以上）时，变频器输出停止。用电磁制动器停止电动机运行时此信号用于断开变频器的输出	
	RES	复位	用于解除保护电路动作时的报警输出。应使 RES 信号处于 ON 状态 0.1s 或以上，然后断开。初始设定为始终可进行复位，但进行了 Pr.75 的设定后，仅在变频器报警发生时可进行复位，复位时间约为 1s	
	SD	接点输入公共端（漏型）（初始设定）	接点输入端子（漏型）的公共端子	
		外部晶体管公共端（源型）	当连接晶体管输出（即集电极开路输出）时，将晶体管输出用的外部电源公共端接到该端子可以防止因漏电引起的误动作	
		DC24V 电源公共端	DC24V、0.1A 电源的公共输出端子，与端子 5 及端子 SE 绝缘	
	PC	外部晶体管公共端（漏型）（初始设定）	当连接晶体管输出（即集电极开路输出）时，将晶体管输出用的外部电源公共端接到该端子时，可以防止因漏电引起的误动作	
		接点输入公共端（源型）	接点输入端子（源型）的公共端子	
		DC24V 电源	可作为 DC24V、0.1A 的电源使用	
频率设定	10	频率设定用电源	作为外接频率设定（速度设定）器的电源使用（按照 Pr.73 模拟量输入选择）	
	2	频率设定（电压）	如果输入 DC0～5V（或 0～10V），在 5V（10V）时为最大输出频率，输入输出成正比。通过 Pr.73 进行 DC0～5V（初始设定）和 DC0～10V 输入的切换操作	
	4	频率设定（电流）	若输入 DC4～20mA（或 0～5V、0～10V），在 20mA 时为最大输出频率，输入输出成正比。只有 AU 信号为 ON 时端子 4 的输入信号才会有效（端子 2 的输入将无效）。通过 Pr.267 进行 DC4～20mA（初始设定）和 DC0～5V、DC0～10V 输入的切换操作。电压输入（0～5V/0～10V）时，应将电压/电流输入切换开关切换至"V"	
	5	频率设定公共端	频率设定信号（端子 2 或 4）及端子 AM 的公共端子，不能接地	

表 1-5-2　控制电路接点输出端子的功能说明

种类	端子编号	端子名称	端子功能说明
继电器	A、B、C	继电器输出（异常输出）	指示变频器因保护功能动作时输出停止的 1c 接点输出。异常时，B—C 间不导通（A—C 间导通）；正常时，B—C 间导通（A—C 间不导通）
集电极开路	RUN	变频器正在运行	变频器输出频率不小于启动频率（初始值 0.5Hz）时为低电平，已停止或正在直流制动时为高电平
	FU	频率检测	输出频率不小于任意设定的检测频率时为低电平，未达到时为高电平
	SE	集电极开路输出公共端	端子 RUN、FU 的公共端子
模拟	AM	模拟电压输出	可以从多种监视项目中选一种作为输出。变频器复位时不输出。输出信号与监视项目的大小成比例。输出项目为输出频率（初始设定）

表 1-5-3　控制电路网络接口的功能说明

种类	端子编号	端子名称	端子功能说明
RS-485	…	PU 接口	通过 PU 接口，可进行 RS-485 通信。 标准规格：EIA-485（RS-485）； 传输方式：多站点通信； 通信速率：4800～38400b/s； 总长距离：500m
USB	…	USB 接口	与个人计算机通过 USB 连接后，可以实现 FR Configurator 的操作。 接口：USB 1.1 标准； 传输速度：12Mb/s； 连接器：USB 迷你-B 连接器（插座：迷你-B 型）

　　如果带传输的机械部分已经装配好，在完成主电路接线后，就可以用变频器驱动电动机试运行。如果变频器的运行模式参数 Pr.79 为出厂设置值，则将调速电位器的 3 个引出端 1、2、3 端分别连接到变频器的端子 10、2、5，并向左旋动电位器到底；接通电源后，拨通 STF 端子左边的钮子开关，慢慢向右旋动电位器，可以看到电动机正向转动，变频器输出频率逐渐增大，电动机转速逐渐升高。

　　在带传输单元的机械部分装配完成后，进行电动机试运行是必要的，这可以检查机械装配的质量，以便做进一步的调整。

1.5.2　FR-E740-0.75K-CHT 变频器操作面板

1. 操作面板的名称及功能

　　使用变频器之前，首先要熟悉它的面板显示和键盘操作单元（或称控制单元），并按使用现场的要求合理设置参数。FR-E740-0.75K-CHT 变频器的参数设置通常利用固定在其上的操作面板（不能拆下）实现，也可以使用连接到变频器 PU 接口的参数单元（FR-PU07）实现。使用操作面板可以进行运行方式、频率的设定，运行指令监视，参数设定，错误表示等。FR-E740-0.75K-CHT 的操作面板如图 1-5-4 所示，其上半部为面板显示器，下半部为 M 旋钮和各种按键。它们的具体功能分别如表 1-5-4 和表 1-5-5 所示。

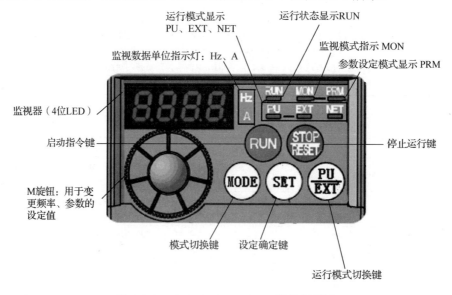

图 1-5-4　FR-E740-0.75K-CHT 的操作面板

表 1-5-4　旋钮、按键功能

旋钮和按键	功能
M 旋钮（三菱变频器旋钮）	旋动该旋钮用于变更频率、参数的设定值。按下该旋钮可显示以下内容： 1．监视模式时的设定频率； 2．校正时的当前设定值； 3．报警历史模式时的顺序
模式切换键 $\boxed{MODE}$	用于切换各设定模式。和运行模式切换键同时按下也可以用来切换运行模式。长按此键（2s）可以锁定操作
设定确定键 $\boxed{SET}$	用于各设定的确定。此外，在运行中按此键，监视器出现以下显示： 运行频率 → 输出电流 → 输出电压
运行模式切换键 $\boxed{PU/EXT}$	用于切换 PU／外部运行模式。使用外部运行模式（通过另接的频率设定电位器和启动信号启动运行）时按此键，使表示运行模式的 EXT 指示灯处于点亮状态。 切换至组合模式时，可同时按模式切换键 0.5s，或变更参数 Pr.79
启动指令键 $\boxed{RUN}$	在 PU 模式下，按此键启动运行。通过 Pr.40 的设定，可以选择旋转方向
停止运行键 $\boxed{STOP/RESET}$	在 PU 模式下，按此键停止运转。保护功能（严重故障）生效时，也可以进行报警复位

表 1-5-5　运行状态显示

显示	功能
运行模式显示	PU：PU 运行模式时灯亮； EXT：外部运行模式时灯亮； NET：网络运行模式时灯亮
监视器（4 位 LED）	显示频率、参数编号等
监视数据单位显示	Hz：显示频率时灯亮； A：显示电流时灯亮。 显示电压时灯灭，显示设定频率监视时闪烁
运行状态显示 $\boxed{RUN}$	当变频器动作中灯亮或者闪烁；其中： 灯亮——正转运行中； 缓慢闪烁（1.4s 循环）——反转运行中。 下列情况下出现快速闪烁（0.2s 循环）： 1．按键或输入启动指令都无法运行时； 2．有启动指令，但频率指令在启动频率以下时； 3．输入了 MRS 信号时
参数设定模式显示 $\boxed{PRM}$	参数设定模式时灯亮
监视模式指示 $\boxed{MON}$	监视模式时灯亮

2．参数的设定

变频器参数的出厂设定值被设置为可以完成简单变速运行的值。如果需按照负载和操作要求设定参数，则应进入参数设定模式，先选定参数号，然后设置其参数值。设定参数分两种情况：一种是在 STOP 方式下重新设定参数，这时可设定所有参数；另一种是在运行时设定，这时只允许设定部分参数，但是可以核对所有参数号及参数。图 1-5-5 是参数设定过程示例，所完成的操作是把参数 Pr.1（上限频率）从出厂设定值 120.0Hz 变更为 50.0Hz，假定当前运行模式为外部/PU 切换模式（Pr.79=0）。

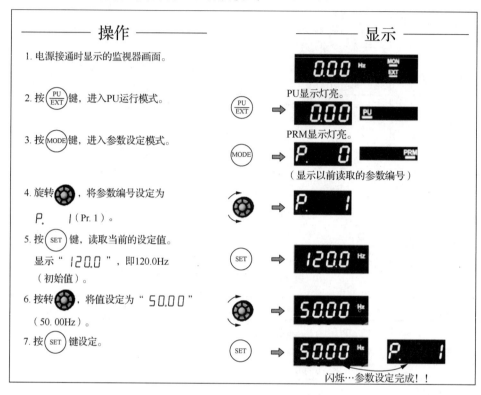

图 1-5-5　参数设定过程示例

　　图 1-5-5 所示的参数设定过程中，需要先切换到 PU 模式下，再进入参数设定模式。实际上，在任意运行模式下，按模式切换键都可以进行参数设定，但图 1-5-5 所示操作只能设定部分参数。

1.5.3　常用参数设置训练

　　FR-E740-0.75K-CHT 变频器有几百个参数，实际使用时，只需根据使用现场的要求设定部分参数，其余保持出厂设定即可。下面根据分拣单元工艺过程对变频器的要求，介绍常用参数的设定。关于参数设定更详细的说明请参阅 FR-E700 使用手册。

　　1．输出频率的限制（Pr.1、Pr.2、Pr.18）

　　为了限制电动机的运行速度，应对变频器的输出频率加以限制。使用 Pr.1（上限频率）和 Pr.2（下限频率）可设定输出频率的上、下限位。

当在变频器 120Hz 以上运行时，用参数 Pr.18（高速上限频率）设定高速输出频率的上限。

Pr.1 与 Pr.2 出厂设定范围为 0～120Hz，出厂设定值分别为 120Hz 和 0Hz。Pr.18 出厂设定范围为 120～400Hz。输出频率和设定值的关系如图 1-5-6 所示。

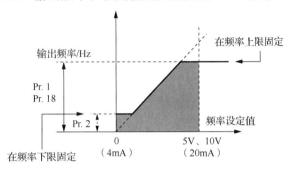

图 1-5-6　输出频率和设定值的关系

2．加减速时间（Pr.7、Pr.8、Pr.20、Pr.21）

加减速时间相关参数的意义及设定范围如表 1-5-6 所示。

表 1-5-6　加减速时间相关参数的意义及设定范围

参数号	参数意义	出厂设定	设定范围	备注
Pr.7	加速时间	5s	0～3600/360s	根据 Pr.21 加减速时间单位的设定值进行设定。初始值的设定范围为 0～3600s，设定单位为 0.1s
Pr.8	减速时间	5s	0～3600/360s	
Pr.20	加减速基准频率	50Hz	1～400Hz	
Pr.21	加减速时间单位	0	0/1	0 为 0～3600s，单位为 0.1s；1 为 0～360s，单位为 0.01s

加减速时间相关参数的设定说明：

1）用 Pr.20 为加减速的基准频率，在我国选为 50Hz。

2）Pr.7 加速时间用于设定从停止到 Pr.20 加减速基准频率的加速时间。

3）Pr.8 减速时间用于设定从 Pr.20 加减速基准频率到停止的减速时间。

3．多段速运行模式的操作

在外部操作模式或组合操作模式 2 下，变频器可以通过外接开关器件的组合通断改变输入端子的状态来控制频率。这种控制频率的方式称为多段速控制功能。

FR-E740-0.75K-CHT 变频器的速度控制端子是 RH、RM 和 RL。通过这些端子的组合可以实现 3 段、7 段的控制。

转速的切换：转速的挡位是按二进制的顺序排列的，故 3 个输入端可以组合成 3～7 挡（0 状态不计）转速。其中，3 段速由 RH、RM、RL 单个通断来实现。7 段速由 RH、RM、RL 通断的组合来实现。

7 段速的运行频率由参数 Pr.4～Pr.6（设定前 3 段速的频率）、Pr.24～Pr.27（设定第 4～7 段速的频率）进行设置。多段速控制对应的控制端状态及参数关系如图 1-5-7 所示。

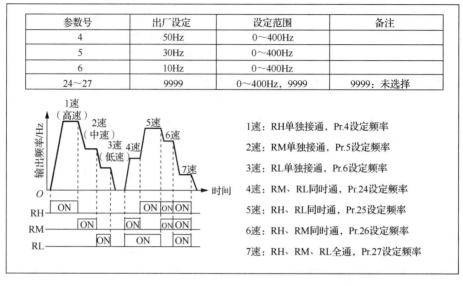

参数号	出厂设定	设定范围	备注
4	50Hz	0～400Hz	
5	30Hz	0～400Hz	
6	10Hz	0～400Hz	
24～27	9999	0～400Hz，9999	9999：未选择

1速：RH单独接通，Pr.4设定频率
2速：RM单独接通，Pr.5设定频率
3速：RL单独接通，Pr.6设定频率
4速：RM、RL同时通，Pr.24设定频率
5速：RH、RL同时通，Pr.25设定频率
6速：RH、RM同时通，Pr.26设定频率
7速：RH、RM、RL全通，Pr.27设定频率

图 1-5-7　多段速控制对应的控制端状态及参数关系

多段速度控制在 PU 运行模式和外部运行模式下都可以设定，运行期间参数值也能被改变。

不多于 3 种速的设定场合（Pr.24～Pr.27 设定为 9999），多种速度控制端同时被选择时，低速信号控制端的设定频率优先。

需要说明的是，如果把参数 Pr.183 设置为 8，将 RMS 端子的功能转换成多速段控制端 REX，就可以用 RH、RM、RL 和 REX 通断的组合来实现 15 段速。详细的说明请参阅 FR-E700 使用手册。

4．参数清除

如果用户在参数调试过程中遇到问题，并且希望重新开始调试，可用参数清除操作方法实现。在 PU 运行模式下，设定 Pr.CL（参数清除）、ALLC（参数全部清除）均为 1，可使参数恢复为初始值。但是，如果设定 Pr.77 参数写入选择为 1，则无法清除。

参数清除操作需要在参数设定模式进行下，用 M 旋钮选择参数编号 Pr.CL 和 ALLC，把它们的值均置为 1 即可，具体操作步骤如图 1-5-8 所示。

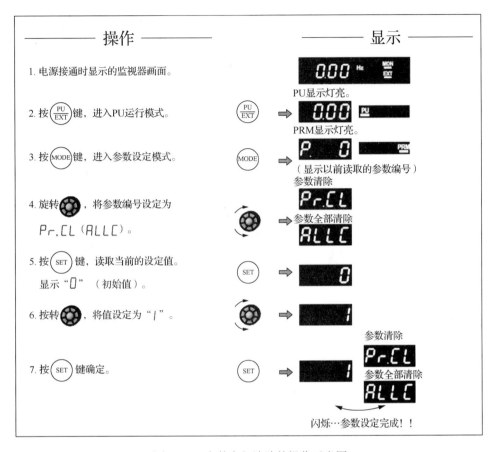

图 1-5-8　参数全部清除的操作示意图

1.5.4　三菱 E740 变频器模块及其电路连接

1. **三菱 E740 变频器模块面板**

机电一体化设备 YL-235A 中的变频器模块面板如图 1-5-9 所示。从图 1-5-9 中可看出，三菱 E740 变频器的各端子均引出至变频器模块面板上，左边的一排开关可以控制回路各端子的状态，具体控制功能如表 1-5-1 所示。

2. **三菱 E740 变频器模块的电路连接**

机电一体化设备 YL-235A 变频器是由 PLC 控制的，因此变频器的控制端与 PLC 相应的输出端子相连，变频器的 SD 端与所用的 PLC 输出组 COM 端相连，如图 1-5-10 所示；面板左下角的 L1、L2、L3 分别接电源，右下角的 U、V、W 接电动机。

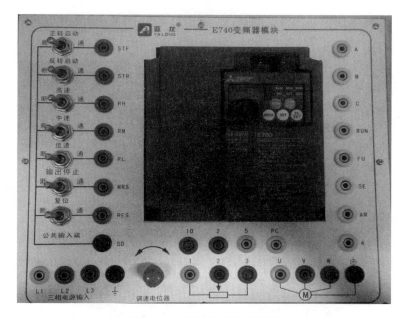

图 1-5-9　变频器模块面板图

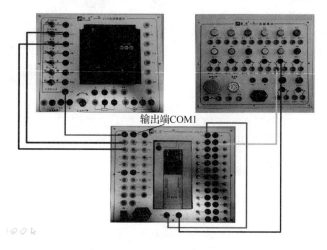

图 1-5-10　PLC 与变频器的接线图

任务实施

在教师的指导下,认识实训室机电一体化设备 YL-235A 所使用的变频器三菱 FR-E740,并熟悉变频器三菱 FR-E740 的面板基本结构和设备变频器模块内部电路,了解变频器的基本参数和输入、输出端子的含义,完成变频器输入输出接线示意图的绘制、输入接线端子功能表的绘制,在变频器模块上完成接线并进行常用参数的设置训练,完成实训现象记录。

任务评价

本任务以理论知识学习为主,相关实际操作为辅,从而达到理论指导实践的教学目的,本任务需要操作变频器完成常用参数设置。任务评价主要对理论知识的掌握、安全文明、学习态度等进行评价(表 1-5-7)。

表 1-5-7　任务评价表

评分内容	配分	评分标准	扣分	得分
理论知识	60 分	认识机电一体化设备 YL-235A 使用的变频器三菱 FR-E740 实物，5 分		
		能正确识读变频器面板结构、了解含义等，10 分		
		能了解变频器的基本参数和设备变频器模块内部电路，15 分		
		变频器输入/输出接线示意图的绘制、常用参数的设置与记录，30 分		
安全文明	10 分	遵守实训室规程，5 分		
		工作服穿戴整齐，5 分		
学习态度	30 分	考勤情况，5～10 分		
		小组讨论及协作，10 分		
		任务完成记录上交及时，完成情况较好，5～10 分		

总结与反思：

思考与练习

1．变频器面板各操作键的功能是什么？

2．变频器参数设置时遇到了哪些问题？请简述其原因并说明解决的方法。

3．如何实现变频器的 15 段速参数的设置？需要设置哪些参数？

4．变频器在使用中有哪些注意事项？如何避免事故发生？

任务 1.6　机电一体化设备电气线路的识读与连接

任务描述

下面介绍电气线路的识读与连接方法。通过本任务的学习，学生应掌握电气线路的识读与连接方法。

相关知识

机电一体化设备 YL-235A 中，输出设备主要由 PLC 控制，三相异步电动机由变频器控制。因此，电气控制原理图主要分为两大部分，一部分是 PLC 控制电路，另一部分是变频器控制三相异步电动机的电路。

1.6.1　电气控制原理图的识读

电气控制原理图是用国家统一规定的图形符号将仪器及各种电气设备按电路原理图合理地连接起来，再进行适当排列形成的电路图。它是反映电路的结构组成及各元器件间的连接关系的示意图。要读懂电路原理图，首先要熟悉各元器件的图形符号及其功能，熟悉各部分电路的工作原理，再按适当的方法进行识图。机电一体化设备 YL-235A 的电气原理图如图 1-6-1 所示。

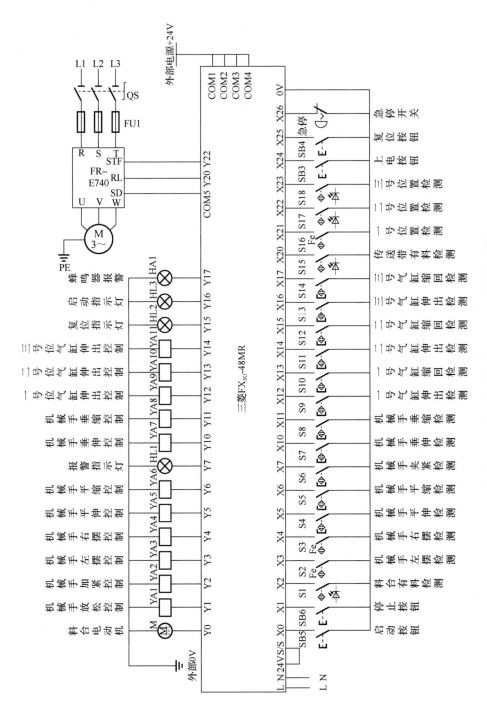

图 1-6-1 机电一体化设备 YL-235A 的电气原理图

机电一体化设备 YL-235A 除直流电源电路外，使用的元器件种类不多，而直流电源电路的原理图不做要求，因此并不十分复杂。

1.6.2 线路的连接与检查

1．线路的连接

（1）线路连接的要求

1）连接导线型号、颜色选择正确。

2）线路各连接点连接可靠、牢固，外漏铜丝最长不超过 2mm。

3）进接线排的导线都需要编号，并套好号码管。

4）号码管长度应一致，且编号工整，方向一致。

5）同一接线端子的连接导线最多不能超过 2 根。

6）设备上元器件连接到接线排的导线都应经过线槽走线，不能进线槽的导线要捆扎好。

7）强电和弱电部分的走线要分开。

8）需要接地保护的位置要可靠接地。

（2）线路连接的方法

首先要确认电源开关处于断开状态，然后根据所绘制的电气控制原理图来连接线路。为了提高线路连接的速度和准确度，建议采用以下连接步骤。

1）将元器件的连接导线接入接线排。在将设备上元器件的连接导线接入接线排之前，要将元器件的导线按 I/O 地址分配的顺序进行排序。根据 I/O 地址的顺序依次将元器件的连接导线接入接线排，在连接时一定要确保连接可靠，并且连接导线的外露铜丝不能过长，每个端子上最多不能超过 2 根导线。

2）连接短接线。根据电气控制原理图将接线排上所有需要短接的接线端子连接好。

3）完成 PLC 的输出回路的线路连接。先接输出回路，即将 PLC 输出组的 COM 端短接后接至 DC24V 的电源"+"，再按输出地址分配表连接各输出端的连线（由于在步骤 1 中已按地址顺序排列，因此只要依次按输出地址顺序连接就可以）；连接控制变频器输出组的 COM 端和变频器的 SD 端，再按输出地址分配表连接变频器的其他控制端。

4）完成 PLC 输入回路的线路连接。PLC 输入回路的连接首先要将三线制传感器所需的电源线连接好，然后将 PLC 输入的 COM 和输入信号的"-"相连，再按输入地址分配表依次连接各输入信号线。

5）完成电源线路的连接。连接按钮模块和 PLC 模块的电源线，连接变频器的电源线。

6）完成电动机的线路连接。将变频器的输出端口 U、V、W 分别和电动机的三相电源线相连，再连接好接地线。

2．线路的检查

（1）通电前的检查

线路安装结束后，一定要进行通电前检查，保证线路连接正确，没有漏接或多接线路、外漏铜丝过长，以及一个接线端子上超过 2 个接头等不满足工艺要求的现象。另外，还要确保电路中没有短路现象（用万用表的 $R \times 1$ 挡测量输入回路和输出回路的电阻），否则通电后可能损坏设备。

（2）通电后的检查

确保电路安装正确无误且没有短路故障后，方可接通电源，观察各输入信号的指示灯及其信号的指示是否正确，并且可以通过改变机械设备的位置检查每个传感器的输入回路是否工作。

任务实施

在教师的指导下，识读机电一体化设备 YL-235A 的电气控制原理图，并熟悉电气控制原理图中所有元器件的作用，了解电气原理图中输入输出电源，完成电气原理图的绘制、线路连接和检测，在机电一体化设备上按图完成接线，并做出现象测量记录。

任务评价

本任务以理论知识学习为主，以相关实际操作为辅，从而达到理论指导实践的教学目的，本任务需要按图操作完成设备接线。任务评价主要对理论知识的掌握、安全文明、学习态度等进行评价（表 1-6-1）。

表 1-6-1　任务评价表

评分内容	配分	评分标准	扣分	得分
理论知识	60 分	认识电气原理图中的实物，5 分		
		能正确识读电气原理图、了解含义等，10 分		
		能完成电气原理图的绘制,15 分		
		按图完成机电一体化设备接线、设备检测与记录，30 分		
安全文明	10 分	遵守实训室规程，5 分		
		工作服穿戴整齐，5 分		
学习态度	30 分	考勤情况，5～10 分		
		小组讨论及协作，10 分		
		任务完成记录上交及时，完成情况较好，5～10 分		

总结与反思：

思考与练习

1. 怎么识读机电一体化设备的电气原理图？
2. 电气图识读时遇到了哪些问题？请简述其原因并说明解决的方法。
3. 线路安装中出现了什么问题？如何解决？
4. 如何检测线路？要确保通电后线路不短路，不损坏设备，需要注意哪些事项？

2 项目

机电一体化设备的气动元器件与气路连接

>>>>

◎ **项目导读**

　　机电一体化设备YL-235A中的执行机构机械手和分拣推料装置采用气动技术。气动是气压传动与控制或气动技术的简称，利用撞击作用或转动作用产生的空气压力使设备运动或做功，即以压缩空气为动力源，带动机械完成伸缩或旋转动作。气动利用空气具有压缩性的特点，吸入空气压缩储存，空气便像弹簧一样具有了弹力，然后用控制元件控制其方向，即可带动执行元件进行旋转与伸缩。采用气动技术的设备从大气中吸入多少空气就会排出多少到大气中，不会产生任何化学反应，也不会消耗污染空气的任何成分。另外，气体的黏性比液体要小，所以气体流动速度快，也很环保。

◎ **学习目标**

- 了解机电一体化设备YL-235A气动元器件的特点，并能正确使用。
- 能够在机电一体化设备YL-235A上完成气路安装。

◎ **思政目标**

- 树立正确的学习观、价值观，自觉践行行业道德规范。
- 牢固树立质量第一、信誉第一的强烈意识。
- 遵规守纪，安全生产，爱护设备，钻研技术。
- 发扬一丝不苟、精益求精的"工匠精神"。

任务 2.1 气动系统执行元件的认识

任务描述

下面介绍机电一体化设备 YL-235A 气动系统中执行元件的知识。通过学习，学生应对气动系统执行元件有明确的认识。

相关知识

2.1.1 气动系统的构成

一个完整的气动系统由气源装置、执行元件、控制元件、辅助元件组成。

1. 气源装置

气源装置是气动系统中获得压缩空气、净化空气的设备，如空气压缩机、空气干燥机等。

2. 执行元件

执行元件是气动系统中将气体的压力能转换成机械能的装置，也是系统能量输出的装置，如气缸、气动马达等。

3. 控制元件

控制元件是气动系统中用以控制压缩空气的压力、流量、流动方向及系统执行元件工作程序的元件，如压力阀、节流阀、方向阀和逻辑元件等。

4. 辅助元件

辅助元件是气动系统中起辅助作用的元件，如过滤器、油雾器、消声器、散热器、冷却器、放大器及管件等。

用规定的图形符号来表征系统中的元件与元件之间的连接、压缩气体的流动方向和系统实现的功能，这样的图形称为气动系统图或气动回路图，如图 2-1-1 所示。

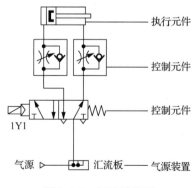

图 2-1-1 气动系统图

2.1.2　气动系统的特点

1）气动装置结构简单、轻便、安装维护简单，且压力等级低，使用安全性较液压系统高。

2）以空气为工作介质，容易取得；用后的空气可排放到大气中，处理方便，且不污染环境。与液压传动相比不必设置回油装置。

3）因空气的黏度很小，流动过程中能量损失也很小，故气动系统节能、高效，适用于集中供应和远距离输送。

4）与液压系统相比，气动系统动作反应快，维护简单，工作介质清洁，不存在介质变质及补充等问题。

5）工作环境适应性好，特别适合在易燃、易爆、多尘埃、强磁、强辐射、振动等恶劣条件下工作，且其外泄露不污染环境，故在食品、轻工、纺织、印刷、精密检测等环境中采用较为适宜。

6）成本低，过载能自动保护。

7）空气具有可压缩性，因此气动系统工作速度稳定性较差。

8）因工作压力低（一般为 0.3～1MPa），结构尺寸不宜过大，故总输出力不宜大于 10～40kN。

9）噪声较大，在高速排气时要加消声器。

10）气动装置中的气动信号传递速度比电子及光速慢。因此，气动信号传递不适用于高速、复杂的回路。

11）因空气本身无润滑性能，故在气路中应设置给油润滑装置。

2.1.3　气缸

气缸按结构分为单作用单出杆气缸、双作用单出杆气缸、双作用双出杆气缸、无杆气缸、膜片气缸、气囊气缸、冲击气缸、锁紧气缸、导向气缸、短行程气缸、摆动气缸、手指气缸、组合气缸等类型，种类繁多。下面介绍几种常用的气缸。

1．单作用单出杆气缸

单作用单出杆气缸如图 2-1-2 所示。它仅一端有活塞杆，从活塞一侧产生气压，并推动活塞产生推力伸出，靠弹簧或自重返回。这种结构的气缸，压缩空气只能在一个方向上控制气缸活塞的运动，因此称为单作用单出杆气缸。单作用单出杆气缸仅有一个进气孔，气缸的一侧有活塞杆伸出，在机电一体化设备 YL-235A 中没有使用这种气缸。

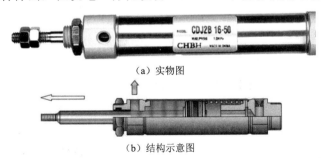

（a）实物图

（b）结构示意图

图 2-1-2　单作用单出杆气缸

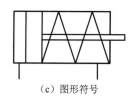

（c）图形符号

图 2-1-2　（续）

2. 双作用单出杆气缸

双作用单出杆气缸是指活塞的往复运动均由压缩空气来推动的气缸。图 2-1-3 是双作用单出杆气缸的工作原理示意图。其中，气缸的两个端盖上都设有进排气通口，从无杆侧端盖气口进气时，推动活塞向前运动；反之，从杆侧端盖气口进气时，推动活塞向后运动。

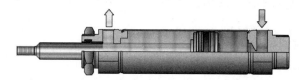

图 2-1-3　双作用单出杆气缸的工作原理示意图

双作用单出杆气缸具有结构简单，输出力稳定，行程可根据需要选择的优点，但其是利用压缩空气交替作用于活塞上实现伸缩运动的，因此回缩时压缩空气的有效作用面积较小，产生的力要小于伸出时产生的推力。

3. 双作用双出杆气缸

在机电一体化设备 YL-235A 中机械手悬臂伸缩使用双作用双出杆气缸，如图 2-1-4 所示。它将两个单杆气缸并联成一体，用于要求高精度的场合，如位置精度（平面度、直角度等）要求高的组装机器人和工件搬送设备中。双作用双出杆气缸有两个进气孔，气缸的一侧有两条活塞杆伸出。

（a）实物图　　　　　　　　　　　　　　　（b）图形符号

图 2-1-4　双作用双出杆气缸

4. 摆动气缸

摆动气缸又称旋转气缸（图 2-1-5），是利用压缩空气驱动输出轴在一定角度范围内做往复回转运动的气动执行元件。摆动气缸用于物体的转拉、翻转、分类、夹紧、阀门的开闭及手臂动作等。摆动气缸按结构特点可分为叶片式和齿轮式两大类。摆动气缸一个进气孔进气，活塞杆向一个方向运动；另一个进气孔进气，活塞杆向另一个方向转动。摆动气缸有叶片式和齿轮齿条式两种，其中，叶片式摆动气缸具有体积小、质量小的优点。机电一体化设备 YL-235A 中机械手部分的摆动气缸为叶片式。

（a）叶片式摆动气缸实物图

（b）齿轮齿条式摆动气缸实物图

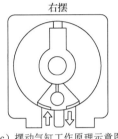

（c）摆动气缸工作原理示意图

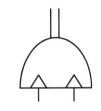

（d）摆动气缸图形符号

图 2-1-5　摆动气缸

5．手指气缸

手指气缸又称气动手指、气动手爪（图 2-1-6），用于抓取、夹紧工件。在自动化系统中，手指气缸常应用在搬运、传送工件的机构中。手指气缸通常有滑动导轨型、支点开闭型和回转驱动型等，用于驱动各个手爪同步做开、闭运动，是气动机械手中的一个重要部件。机电一体化设备 YL-235A 中所使用的是滑动导轨型气动手指气缸。

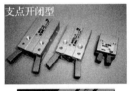

（a）手指气缸实物图

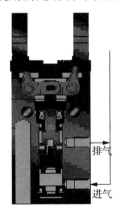

（b）手爪松开机构示意图

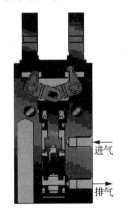

（c）手爪夹紧机构示意图

图 2-1-6　手指气缸实物和工作原理图

任务实施

在教师的指导下，认识实训室机电一体化设备 YL-235A 所使用的气动元件，并熟悉气动系统的组成和气动系统的优缺点，了解设备上所使用的不同种类、型号气缸，完成简单气路原理图的绘制，常用气动符号的认识，在机电一体化设备上按图完成气路安装，并做出现象记录。

任务评价

本任务以理论知识学习为主，相关实际操作为辅，从而达到理论指导实践的教学目的，本任务需要按图操作完成设备气路安装。任务评价主要对理论知识的掌握、安全文明、学习态度等进行评价（表2-1-1）。

表2-1-1　任务评价表

评分内容	配分	评分标准	扣分	得分
理论知识	60分	认识机电一体化设备中不同型号气缸的实物，5分		
		能正确识读简单气路原理图、了解含义等，10分		
		能完成气路原理图的绘制，15分		
		按图完成机电一体化设备气路安装、气缸元件检测与记录，30分		
安全文明	10分	遵守实训室规程，5分		
		工作服穿戴整齐，5分		
学习态度	30分	考勤情况，5~10分		
		小组讨论及协作，10分		
		任务完成记录上交及时，完成情况较好，5~10分		

总结与反思：

思考与练习

1．说明气动系统各执行机构的特点。
2．在调试各种执行机构时遇到了哪些问题？请简述其原因并说明解决的方法。
3．如何准备安装各执行机构？安装时应该注意什么？

任务2.2　气动系统控制元件的认识与使用

任务描述

下面介绍气动系统控制元件的知识。通过本任务的学习，应对控制元件有一定的认识。

相关知识

在气动系统中，用来控制与调节压缩空气的压力、流量、流动方向和发送信号，为保证执行元件按照设计程序正常动作的元件称为气动控制元件。气动控制元件按功能和作用可分为方向控制阀、流量控制阀和压力控制阀等。机电一体化设备 YL-235A 中气动控制元件部分有单控电磁换向阀、双控电磁换向阀、节流阀、磁性限位传感器。

2.2.1　电磁换向阀

1. 电磁换向阀的认识

对于机电一体化设备 YL-235A 中的机械手气缸或推料气缸，其活塞的运动是依靠向气缸一端进气，并从另一端排气，再反过来，从另一端进气，一端排气来实现的。气体流动方向的改变由能改变气体流动方向或通断的控制阀，即方向控制阀加以控制。在自动控制中，方向控制阀常采用电磁控制方式实现方向控制，故称为电磁换向阀。

电磁换向阀利用电磁阀线圈得电时，静铁心对动铁心产生电磁吸力使阀芯改变位置实现换向。阀的切换通口包括供气口、输出口和排气口，阀芯有几个工作位置就称为几位阀。位是指为了改变气体方向，阀芯相对于阀体所具有的不同的工作位置。通是指换向阀与系统相连的通口，有几个通口即为几通。

图 2-2-1 分别给出了二位三通、二位四通和二位五通单电控电磁换向阀的图形符号，图形中有几个方格就表示有几位，方格中的"┳"和"┻"符号表示各接口互不相通，方框内的箭头表示气路处于接通状态，但箭头方向不一定表示气流的实际方向；方框外部连接的接口数有几个，就表示几通。

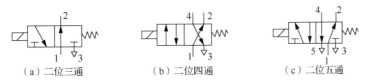

（a）二位三通　　　　　（b）二位四通　　　　　（c）二位五通

图 2-2-1　部分单电控电磁换向阀的图形符号

2. 二位五通电磁换向阀

机电一体化设备 YL-235A 中使用的是二位五通电磁换向阀，如图 2-2-2 所示。二位五通电磁换向阀的结构由电磁部分和主阀体组成。电磁部分由静铁心、动铁心、线圈、指示灯、接线端子等部件组成。主阀体由主阀腔、通孔、阀芯组成。主阀腔是相通的，腔中间是阀芯，阀芯位置改变，阀的气路随之改变。

3. 电磁换向阀的工作过程

（1）单电控电磁换向阀的工作过程

在机电一体化设备 YL-235A 中，3 个推料气缸的换向阀采用的是单电控电磁换向阀，它只有一个电磁铁，现在以 1 号推料气缸为例，分析单电控电磁换向阀的工作过程。推料气缸气动控制回路的工作原理如图 2-2-3 所示。

气动控制回路是本工作单元的执行机构，其逻辑控制功能是由 PLC 实现的。1B1 和 1B2 为安装在推料缸的两个极限工作位置的磁性传感器，YA9 为控制气缸伸出和缩回的电磁阀的电磁控制端。通常，这个气缸的初始位置均设定在缩回状态，当电磁阀 YA9 得电伸出时，1B2 磁性传感器有信号；电磁阀 YA9 失电时缩回到原位，1B1 磁性传感器有信号；其他两路推料气缸同理。

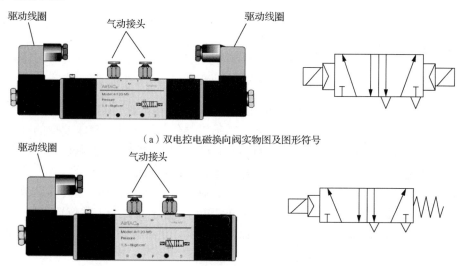

（a）双电控电磁换向阀实物图及图形符号

（b）单电控电磁换向阀实物图及图形符号

图 2-2-2　二位五通电磁换向阀

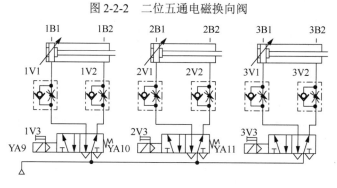

图 2-2-3　推料气缸气动控制回路的工作原理

（2）双电控电磁换向阀的工作过程

在机电一体化设备 YL-235A 中，气动机械手的摆动气缸、臂气缸、提升气缸和手指气缸的电磁换向阀都采用的是二位五通双电控电磁换向阀。图 2-2-4 为机械手气动系统图。二位五通双电控电磁换向阀的动作原理是为正动作线圈通电，则正动作气路接通（正动作出气孔有气），即使正动作线圈断电后正动作气路仍然是接通的，将会一直维持到为反动作线圈通电为止；为反动作线圈通电，则反动作气路接通（反动作出气孔有气），即使反动作线圈断电后反动作气路仍然是接通的，将会一直维持到为正动作线圈通电为止，相当于自锁。双电控电磁换向阀用来控制气缸进气和出气，从而实现气缸的伸出、缩回运动。其内装的红色指示灯有正负极性，即使极性接反，其也能正常工作，但指示灯不会亮。双电控电磁换向阀与单电控电磁换向阀的区别在于，对于单电控电磁换向阀，在无电控信号时，阀芯在弹簧力的作用下会被复位，只能控制一个方向；而对于双电控电磁换向阀，在两端都无电控信号时，阀芯的位置取决于前一个电控信号。

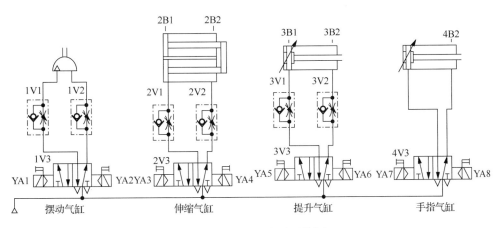

图 2-2-4　机械手气动系统图

注意： 双电控电磁换向阀的两个电控信号不能同时为"1"，即在控制过程中不允许两个线圈同时得电，否则，可能会造成电磁线圈烧毁。当然，在这种情况下阀芯的位置是不确定的。

4. 电磁换向阀的安装

安装电磁换向阀时，要注意气体流动方向，分清进气口和出气口。应检查各安装连接点有无松动、漏气现象。若进气口 P 与气源出口连接错误，则电磁换向阀不能正常工作。电磁换向阀除可以个体安装外，还可以集中安装在汇流底座上，即集装式底板上。如图 2-2-5（a）所示，机电一体化设备 YL-235A 上的集装式底板可安装 7 个电磁阀，底座上有 3 排通道，中间连通一排为进气通道，与侧边进气口 P 连通。其余两排是排气通道，与侧边的带消声器的排气孔连通，消声器的作用是减少压缩空气向大气排放时的噪声。这种将多个阀与消声器、集装式底板等集中在一起构成的一组电磁控制阀的集成称为电磁控制阀组，而每个阀的功能是彼此独立的。安装好后，要进行通气试验，检查阀的换向动作是否正确，此时应手动装置操作。使用时，要严格遵守各项技术要求，如工作电压、动作频率、使用温度等，并注意防尘。

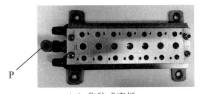

（a）集装式底板

（b）电磁换向阀组实物图

图 2-2-5　集装式底板和电磁换向阀组实物图

2.2.2 节流阀

1. 节流阀的认识

节流阀是通过改变节流截面或节流长度控制流体流量的阀门。节流阀没有流量负反馈功能，不能补偿由负载变化所造成的速度不稳定，一般仅用于负载变化不大或对速度稳定性要求不高的场合。为了使气缸的动作平稳可靠，应对气缸的运动速度加以控制，常用的方法是使用单向节流阀。单向节流阀是由单向阀和节流阀并联而成的流量控制阀，常用于控制气缸的运动速度，所以又称速度控制阀。单向节流阀如图 2-2-6 所示。

 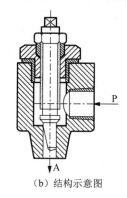 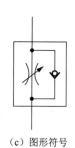

（a）实物图　　　　　　　　（b）结构示意图　　　　　　　　（c）图形符号

图 2-2-6　单向节流阀

2. 单向节流阀的调试

在机电一体化设备 YL-235A 中，均在双作用气缸上装有两个单向节流阀，如图 2-2-7 所示，这种连接方式称为排气节流方式。即当压缩空气从 A 端进气，从 B 端排气时，单向节流阀 A 的单向阀开启，向气缸无杆腔快速充气；由于单向节流阀 B 的单向阀关闭，有杆腔的气体只能经节流阀排气，调节节流阀 B 的开度，便可改变气缸伸出时的运动速度。反之，调节单向节流阀 A 的开度可改变气缸缩回时的运动速度。这种控制方式能使活塞运行稳定，是常用的控制方式。

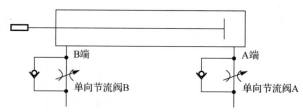

图 2-2-7　单向节流阀连接和调整原理示意图

在单向节流阀上有带气管的快速接头，只要将合适外径的气管向快速接头上一插就可以将管连接好了，使用时十分方便。图 2-2-8 是安装了带快速接头的限出型单向节流阀的气缸。

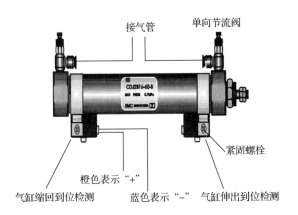

图 2-2-8　安装了带快速接头的限出型单向节流阀的气缸

注意： 气缸的正确运动使物料分到相应的位置，只要交换进出气的方向就能改变气缸的伸出（缩回）运动，气缸两侧的磁性传感器可以识别气缸是否已经运动到位。

2.2.3　气源处理组件

机电一体化设备 YL-235A 中的气源处理组件及其气动系统图如图 2-2-9 所示。气源处理组件是气动控制系统中的基本组成器件，主要由手阀（进气开关）、压力调节过滤器、油雾器组成。该组件的作用是除去压缩空气中所含的杂质及凝结水，调节并保持恒定的工作压力。在使用时，应注意经常检查过滤器中凝结水的水位，在超过最高标线以前，必须排放，以免被重新吸入。气源处理组件的气路入口处安装一个快速气路开关，用于启闭气源。当把快速气路开关向左拔出时，气路接通气源；反之，把快速气路开关向右推入时气路关闭。

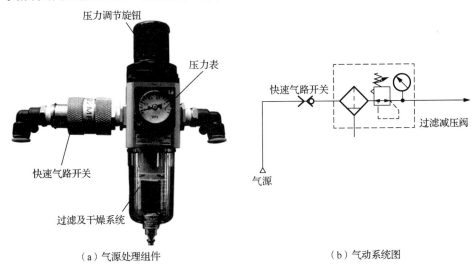

（a）气源处理组件　　　　　　　　　　（b）气动系统图

图 2-2-9　机电一体化设备 YL-235A 中的气源处理组件及其气动系统图

气源处理组件输入气源来自空气压缩机,所提供的压力为0.6～1.0MPa,输出压力为0～0.8MPa(可调),输出的压缩空气通过快速接头和气管输送到电磁换向阀组。

任务实施

在教师的指导下,认识实训室机电一体化设备 YL-235A 所使用的气动控制元件,熟悉气动系统电磁换向阀的图形符号及含义,了解设备上所使用的不同种类、型号电磁换向阀结构及组成,完成常用电磁换向阀图形符号的绘制,能够分析电磁换向阀的工作过程,在机电一体化设备上按图完成气路安装,并做出现象记录。

任务评价

本任务以理论知识学习为主,以相关实际操作为辅,从而达到理论指导实践的教学目的,本任务需要按图操作完成设备气路安装。任务评价主要对理论知识的掌握、安全文明、学习态度等进行评价(表2-2-1)。

表2-2-1 任务评价表

评分内容	配分	评分标准	扣分	得分
理论知识	60分	认识机电一体化设备中电磁换向阀、节流阀、气源处理装置的实物,5分		
		能正确绘制电磁换向阀图形符号、了解含义等,10分		
		能完成机电一体化设备气路原理图的绘制,15分		
		按图完成机电一体化设备气路安装、气缸控制元件的检测与记录,30分		
安全文明	10分	遵守实训室规程,5分		
		工作服穿戴整齐,5分		
学习态度	30分	考勤情况,5～10分		
		小组讨论及协作,10分		
		任务完成记录上交及时,完成情况较好,5～10分		

总结与反思:

思考与练习

1. 单电控电磁换向阀和双电控电磁换向阀的区别是什么?

2. 机电一体化设备 YL-235A 中如何调节气动执行机构的运行速度?请简述其方法并说明。

3. 双电控电磁换向阀在控制时,应注意什么?

任务2.3　机电一体化设备气路的连接与调试

任务描述

下面介绍机电一体化设备中气路的连接与调试。通过本任务的学习，学生应掌握气路连接及调试的方法。

相关知识

2.3.1　气动系统图的识读

图 2-3-1 为机电一体化设备 YL-235A 的气动系统原理图。其中，机械手部分由 4 个气缸组成，可在 3 个坐标内工作。手指气缸为夹紧缸，其活塞杆退回时夹紧工件，活塞杆伸出时松开工件。手臂气缸为双作用单出气缸，可实现机械手臂上升和下降动作。悬臂气缸为双作用气缸，可实现机械手伸出与缩回动作。摆动气缸一个进气孔进气时，活塞杆向一个方向运动；另一个进气孔进气时，活塞杆向另一个方向转动，从而实现机械手的左摆与右摆。机械手工作循环基本要求依次为悬臂伸出—手臂下降—手爪夹紧—手臂上升—悬臂缩回—机械手右摆—机械手左摆—手臂下降—手爪松开—手臂上升—悬臂缩回—机械手左摆。

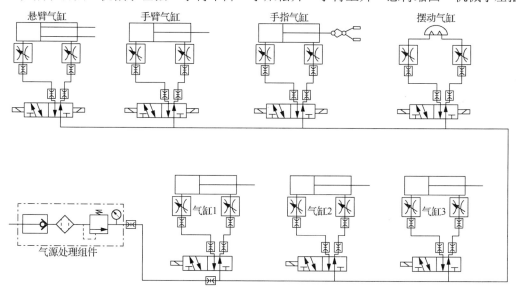

图 2-3-1　机电一体化设备 YL-235A 的气动系统原理图

机械手 4 个气缸由双电控电磁换向阀组成，3 个推料气缸由单电控电磁换向阀组成，每个气缸的进气孔、出气孔都有单向节流阀，共同构成换向、调速回路。各气缸的行程位置均由电气行程开关进行控制。根据需要只要改变电气行程开关的位置，调节单向节流阀的开度，即可改变各气缸的运行速度和行程。

2.3.2 气管的连接与绑扎

气动系统的安装并不是简单地用管子把各阀连接起来，其安装实际上是设计的延续。作为一种生产设备，它首先应保证运行可靠、布局合理、安装工艺正确、维修检测方便。安装人员根据气动系统原理图进行气路连接。目前，气动系统的安装一般采用紫铜管卡套式连接和尼龙软管快插式连接两种方法。紫铜管卡套式接头安装牢固可靠，一般用于定型产品。机电一体化设备 YL-235A 中用尼龙软管快插式连接。气管的连接与绑扎工艺如图 2-3-2 所示。

（a）阀组气管连接与绑扎 　　（b）机械手气路的中段 　　（c）机械手气路的末端
　　　　　　　　　　　　　　　　　　连接与绑扎 　　　　　　　连接与绑扎

图 2-3-2　气管的连接与绑扎工艺

首先，必须按图核对元器件的型号和规格，明确各气动元器件的进、出口方向；然后，根据各元器件在工作台上的位置量出各元器件间所需管子的长度，长度选取要合理，避免气管过长或过短。连接时应注意，走线尽量避开设备工作区域，防止干扰设备工作；气管应利用塑料扎带绑扎起来，绑扎间距为 50～80mm，间距应均匀；压力表要垂直安装，表面朝向要便于观察。

2.3.3 气路检查与元器件动作调试

气路连接结束后，进行通气前检查，确认气路连接正确，符合工艺要求。之后进行通气检查，即打开气源开关，缓缓调节调压阀使压力逐渐升高至 0.4MPa 左右，检查每一个管接头处是否有漏气现象。如果有，则必须先排除故障，确保通气后各个气缸能回到初始位置。对每一路的电磁换向阀进行手动换向和通电换向。最后，通过调节气压和节流阀来调节气缸的运动速度，使各个气缸平稳运行，速度基本保持一致。

任务实施

在教师的指导下，识读机电一体化设备 YL-235A 气动系统原理图，熟悉气动系统的工作原理，了解机械手气动系统原理图的组成，完成气动系统图的绘制，能够分析气动机械手的工作过程，在机电一体化设备上按图完成气路安装、绑扎，气路检查与元件动作调试，并做出现象记录。

任务评价

本任务以理论知识学习为主，以相关实际操作为辅，从而达到理论指导实践的教学目的，本任务需要按图操作完成气动机械手气路安装、气管绑扎及动作调试。任务评价主要对理论知识的掌握、安全文明、学习态度等进行评价（表 2-3-1）。

表 2-3-1　任务评价表

评分内容	配分	评分标准	扣分	得分
理论知识	60 分	认识机电一体化设备气路图中各气动元件的实物，5 分		
		能正确分析气动原理图的工作原理，10 分		
		能完成机电一体化设备气动机械手气动原理图的绘制，15 分		
		按图完成机电一体化设备气路安装、气管绑扎、气路的调试检测与记录，30 分		
安全文明	10 分	遵守实训室规程，5 分		
		工作服穿戴整齐，5 分		
学习态度	30 分	考勤情况，5～10 分		
		小组讨论及协作，10 分		
		任务完成记录上交及时，完成情况较好，5～10 分		

总结与反思：

思考与练习

1. 气路绑扎中遇到了什么样的问题？如何解决？
2. 气路图识读时遇到了哪些问题？请简述其原因并说明解决的方法。
3. 电磁换向阀控制中出现了什么问题？如何解决？
4. 机械手气路是怎么样安装的？通气后是如何调试的？需要注意哪些事项？

3

项目

机电一体化设备部件的组装
与调试

>>>>>

◎ **项目导读**

本项目介绍机电一体化设备 YL-235A 的组装与调试,不仅包含机电一体化专业所涉及的基础知识、专业知识和基本的机电技能要求,还体现了当前先进技术在生产实际中的应用。它为学生提供了一个典型的、可进行综合训练的工程环境,构建了一个可充分发挥学生潜能和创造力的实践平台,可实现 PLC 控制系统安装与调试、自动生产线安装与调试等一体化项目教学。利用机电一体化设备 YL-235A 可以将传感器、气动系统、电动机的调速和控制、PLC 编程、自动控制系统等知识融于完成设备安装与调试过程中,可实现知识的实际应用、技能的综合训练和实践动手能力的客观考核。

◎ **学习目标**

● 了解机电一体化设备 YL-235A 各部件的组成,使用中的注意事项,故障的排队方法。
● 掌握机电一体化设备 YL-235A 各部件控制的方法,并能根据控制要求实现控制功能。

◎ **思政目标**

● 树立正确的学习观、价值观,自觉践行行业道德规范。
● 牢固树立质量第一、信誉第一的强烈意识。
● 遵规守纪,安全生产,爱护设备,钻研技术。
● 发扬一丝不苟、精益求精的"工匠精神"。

机电一体化设备供料装置的组装与调试

任务描述

　　设备上电后，转盘电动机处于停止状态，表示准备就绪。此时，按下启动按钮，若物料台没有物料，但物料盘有足够的物料，则转盘电动机运行，弧片驱动物料到物料台；若物料盘也没有足够的物料，则转盘电动机运行若干秒后自动停止。运行过程中按下停止按钮，供料装置立即停止运行。按要求完成下列任务：

　　1）按控制要求分配 I/O 地址，绘制电气控制原理图。

　　2）根据控制要求编写 PLC 程序。

　　3）根据要求进行连接测试，调试设备并达到控制要求。

相关知识

　　在实际生产中，要将储存在料仓中的物体或工件（统称为物料）送往加工位置，常常需要供料装置。机电一体化设备 YL-235A 中的供料装置由物料盘、微型直流电动机（即转盘电动机）、物料检测传感器等组成，如图 3-1-1 所示。

1—物料盘；2—调节支架；3—微型直流电动机；4—物料；5—物料检测传感器；6—抓料平台支架。

图 3-1-1　供料装置

3.1.1　微型直流电动机的认识

　　微型直流电动机的效率一般高于其他类型电动机，所以在相同的输出功率下，直流电动机的体积一般比较小。在安装位置有限的情况下，使用微型直流电动机相对比较合适。

　　微型直流电动机的一个特点是其可以根据负载大小自动降速，以达到极大的启动转矩。另外，直流电动机比较容易适应负载大小的突变，即其转速可以自动适应负载大小。

微型直流电动机的种类可分为特种电动机、电磁式电动机和永磁式电动机。特种电动机一般无绕组，驱动较为复杂，作为电动机的一种已自成体系。电磁式电动机因励磁方式不同，其特性也各不相同。永磁式电动机的性能与电磁式并励电动机相近，启动转矩较大，机械特性强，负载变化时转速变化不大，适用于小功率直流驱动，如电动玩具、电动工具、音响设备、汽车电器等。常见的微型直流电动机如图 3-1-2 所示。本书所使用的微型直流电动机如图 3-1-3 所示。

图 3-1-2　常见的微型直流电动机

图 3-1-3　本书所使用的微型直流电动机

3.1.2　物料盘送料的工作原理

机电一体化设备 YL-235A 供料装置物料盘中的物料是靠拨杆推动的。拨杆推动物体时所需力矩较小，因此拨杆通过轴套和微型直流电动机连接做直接传动。微型直流电动机转动时，带动拨杆在物料盘中旋转，并沿着物料盘底平面将放在物料盘中的物料从出料口推出。微型直流电动机带减速装置，因此拨杆的旋转速度较慢，从而保证了推料时的平稳和所需力矩。拨杆减速后的转动速度为 6r/min，即转一圈约为 10s。

注意： 电动机两个接线端子接入直流电压为 24V，电动机正反转的切换取决于直流电的正负极的切换。

⚡ 任务实施

本工作任务以机电一体化设备 YL-235A 为载体进行实施，以 PLC 控制为主，任务分析流程如下。

1）设备上电，写入供料装置运行程序，按下启动按钮。

2）转盘电动机运行，带动弧片把物料推到出料口。

3）若物料检测传感器检测到物料，则转盘电动机停止运行；当物料被拿走 5s 后，转盘电动机再次运行。

4）若物料不足，则物料盘运行若干秒后自动停止。

供料示意图如图 3-1-4 所示。

图 3-1-4　供料示意图

具体实施步骤如下。

> **第 1 步**　按控制要求分配 I/O 地址，绘制电气原理图。

该工作任务是通过 PLC 控制微型直流电动机转动，用 PLC 内部的中间继电器实现对外部设备的控制。

01　根据控制要求，确定 I/O 地址分配，如表 3-1-1 所示。

表 3-1-1　PLC 的 I/O 分配表

输入地址			输出地址		
序号	名称	输入点编号	序号	名称	输出点编号
1	启动按钮	X0	1	驱动微型直流电动机	Y10
2	停止按钮	X1	2		
3	物料检测传感器	X20	3		

02　绘制电气控制原理图，如图 3-1-5 所示。

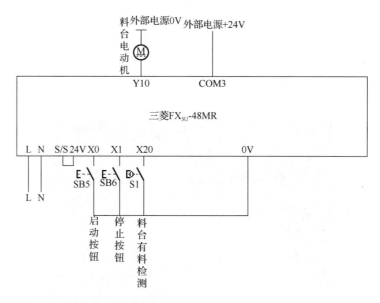

图 3-1-5　PLC 控制微型直流电动机运行的电气控制原理图

第 2 步　根据电气原理图，完成安装接线，如图 3-1-6 所示。

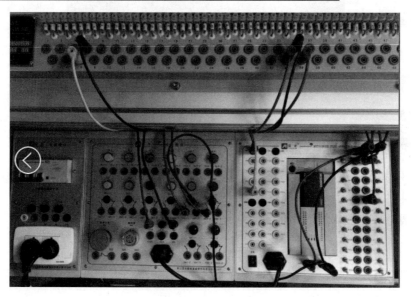

图 3-1-6　PLC 的安装接线

第 3 步　编写 PLC 控制程序。

根据控制要求及表 3-1-1 的 I/O 地址分配，编写实例程序（图 3-1-7），并将程序下载到 PLC 控制器中。

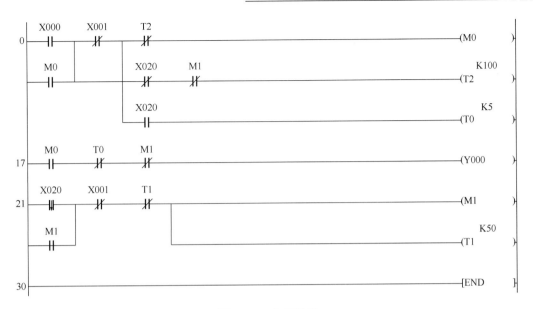

图 3-1-7　实例程序

程序中定时器 T0、T1、T2 的作用如下。

T0：检测到物体后延时 0.5s 断开微型直流电动机。正常情况下，为防止物体到位后微型直流电动机发生堵转现象，当物料检测传感器检测到物体到位后，立刻断开微型直流电动机电源，但这样可能会使物体不能准确到位，从而影响机械手对物体的抓取。因此，可适当加一个到位延时断开时间（0.5～0.8s），使物料检测传感器检测到物体后稍微延时一点时间再切断电动机的电源，以保证物体准确到位。

T1：在机械手抓走物料，物料检测传感器信号消失 5s 后，物料盘再次转动。

T2：在物料盘无料时，控制微型直流电动机的运行时间不超过 10s，当无料时间超过 10s 后设备自动停止，再次启动需要按启动按钮。

注意：一般情况下，物料检测传感器一检测到物体，就发出信号，控制微型直流电动机停止转动。但由于有金属物料、白色物料和黑色物料 3 种，而物料检测传感器因安装位置的影响，检测到物体的时刻会有差异，如检测到白色物料和金属物料的时刻会早些，检测到黑色物料的时刻会迟一些，若设定为物料检测传感器一检测到物件就发出信号控制微型直流电动机停止转动，那么检测过早的金属物料和白色物料会出现不能准确到位的情况；而检测过迟的黑色物料会出现挤压过紧的情况。这两种情况的出现都会使机械手手爪不能准确抓取物料，影响物料的传送。

第 4 步　根据要求调试设备并达到控制功能。

01　供料机构常见装置侧故障的分析与处理如表 3-1-2 所示。

表 3-1-2　供料机构常见装置侧故障的分析与处理

故障位置示意图	故障位置与类型	处理方法
	弧片太紧或太松	把锁紧螺母拧松或拧紧
	延长轴与电动机打滑	把延长轴与电动机的连接处的顶丝拧紧
	出料口传感器没反应	调整灵敏度，调整位置或检查电路
	电动机不转	检查电路
	料盘与落料台不平	调整落料台高度

02 供料机构常见 PLC 侧故障的分析与处理如表 3-1-3 所示。

表 3-1-3　供料机构常见 PLC 侧故障的分析与处理

故障位置示意图	故障位置与类型	处理方法
	安全插线不通	检查安全插线是否损坏
	传感器得电而 PLC 无输入信号	检测 PLC 端口 S/S 和 COM 有无接 24V 电源
	按钮不工作	检测接线或拆下维修
	PLC 无工作电源	检查总电源输出
	传感器无输入，PLC 输入指示灯亮	检测 PLC 模块上输入按钮有无闭合
	PLC 有输出，电动机不转	用万用表测量输出端口与按钮模块有无电压
	按钮模块 24V 电源损坏	更换熔丝

任务评价

完成任务后，填写任务评价表（表 3-1-4）。

表 3-1-4　任务评价表

评分内容	配分	评分标准	扣分	得分
电路安装与调试	40 分	电路连接是否正确，不正确不得分（20 分）		
		对金属物料、白色物料、黑色物料的检测是否符合要求，不符合要求每处扣 10 分，最多扣 20 分		
I/O 地址表绘制	15 分	输入地址表绘制不正确每处扣 1 分，最多扣 5 分		
		输出地址表绘制不正确每处扣 2 分，最多扣 10 分		
PLC 外部接线图绘制	15 分	主电路绘制不正确每处扣 1 分，最多扣 5 分		
		PLC 接线图 I/O 绘制不正确每处扣 2 分，最多扣 10 分		
功能调试	30 分	启动、停止功能不正确每处扣 5 分，最多扣 10 分		
		缺料是否停止，停止后按下启动按钮是否启动，每处扣 5 分，最多扣 10 分		
		安全文明生产，没有违反操作规程，工作服穿戴整齐，工位清洁不扣分，如有不符合要求的地方视情况扣分，最多扣 10 分		

总结与反思：

思考与练习

1. 如何防止拨料时发生微型直流电动机堵转现象？

2. 安装供料装置时遇到了哪些问题？请简述其原因并说明解决的方法。

3. 是否有更好的方法来调节物料检测传感器，使其对3种不同材质的物料都能准确地检测到位？

4. 通过对供料装置的运行检测，能否将PLC程序中定时器的设定值进一步优化？

任务 3.2 机电一体化设备气动机械手的组装与调试

任务描述

设备上电后，机械手初始化完成，表示准备就绪。此时，按下启动按钮，机械手开始运行抓取物料。机械手抓料动作：机械手臂伸出→机械手下降→手爪夹紧→机械手提升→机械手臂缩回。机械手放料动作：机械手臂左转→机械手臂伸出→机械手下降→手爪松开→回到初始状态。在运行过程中按下停止按钮，供料装置中的微型直流电动机立即停止转动，但机械手需要完成一个周期后才能停止。

注意：运行时，下一个动作运行的前提条件为上一个运行动作完成。

按要求完成下列任务：

1）气动机械手的拆卸。

2）气动机械手的组装。

3）按控制要求分配I/O地址，绘制电气控制原理图。

4）根据控制要求编写顺序功能图程序。

5）根据要求进行连接测试，调试设备并达到控制要求。

相关知识

3.2.1　机械手的认识

1. 机械手

工业机械手是模仿人的手部动作，按给定程序实现抓取、搬运和操作的自动装置。在现代生产过程中，机械手被广泛运用于自动生产线中。机器人的研制和生产已成为高技术领域内，迅速发展起来的一门新兴的技术，它促进了机械手的发展，使机械手能更好地实现与机械化和自动化的有机结合。机械手的种类很多：按驱动方式可分为液压式、气动式、电动式、机械式；按适用范围可分为专用机械手和通用机械手两种；按运动轨迹控制方式可分为点位控制机械手和连续轨迹控制机械手等。常见的机械手如图3-2-1所示。

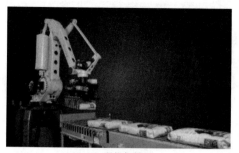

（a）码垛机械手

（b）焊接机械手

（c）助力机械手

（d）喷涂机械手

（e）打磨机械手

（f）注塑机械手

图 3-2-1　常见的机械手

2. 机电一体化设备 YL-235A 中气动机械手的简介

机电一体化设备 YL-235A 中的气动机械手机构由旋转气缸、气动手爪、提升气缸、伸缩气缸、磁性传感器、缓冲阀、左右限位传感器、安装支架等组成，如图 3-2-2 所示。在实际生产中，气动机械手搬运工作全过程由悬臂气缸、手臂气缸、手爪气缸和旋转气缸 4 个气缸之间的动作组合来完成。整个气动机械手机构能完成 4 个自由度动作，即手臂伸缩、手臂旋转、手爪上下、手爪松紧。

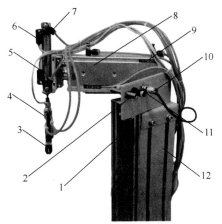

动画：机械手
拆装示意

1—旋转气缸；2—非标螺钉；3—气动手爪；4—手爪磁性传感器 Y59BLS；5—手臂气缸；6—磁性传感器 D-C73；
7—节流阀；8—悬臂气缸；9—磁性传感器 D-Z73；10—左右限位传感器；11—缓冲阀；12—安装支架。

图 3-2-2　气动机械手的结构

1）旋转气缸：控制机械手臂的正反转，由双电控气阀控制。

2）气动手爪：用于抓取和松开物料，由双电控气阀控制，手爪夹紧时，磁性传感器有信号输出，指示灯亮，在控制过程中不允许两个线圈同时得电。

3）提升气缸：采用双电控气阀控制。

4）磁性传感器：用于气缸的位置检测，检测气缸伸出和缩回是否到位，因此在前点和后点上各有一个，当检测到气缸准确到位后将给 PLC 发出一个信号。在应用过程中，棕色线接 PLC 主机输入端，蓝色线接输入的公共端。

5）左右限位传感器：机械手臂正转和反转到位后，左右限位传感器有信号输出。在应用过程中，棕色线接直流 24V 电源 "+"、蓝色线接直流 24V 电源 "–"、黑色线接 PLC 主机的输入端。

6）缓冲阀：旋转气缸高速正转和反转时，起缓冲减速作用。

3.2.2　顺序功能图的编写方法

顺序功能图（sequential function chart，SFC）是一种新颖的、按照工艺流程图进行编程的图形编程语言。这是一种 IEC 标准推荐的首选编程语言，近年来在 PLC 编程中已经得到了普及和推广。SFC 编程的优点如下。

1）在程序中可以很直观地看到设备的动作顺序。比较容易读懂程序，因为程序按照设备的动作顺序进行编写，规律性较强。

2）在设备发生故障时，能够很容易地查找出故障所处在的位置。

3）不需要复杂的互锁电路，更容易设计和维护系统。

SFC 的结构如下。

步+转换条件+有向连接+机器工序的各个运行动作=SFC

SFC 程序的运行从初始步开始，每次转换条件成立时执行下一步，在遇到 END 步时结束运行。

下面主要介绍在三菱 PLC 编程软件 GX Developer 中编制 SFC 的方法。

【例 3-2-1】自动闪烁信号生成。要求：PLC 上电后 Y0、Y1 以 1s 为周期交替闪烁。本例的梯形图、指令表及 SFC 程序如图 3-2-3 所示。

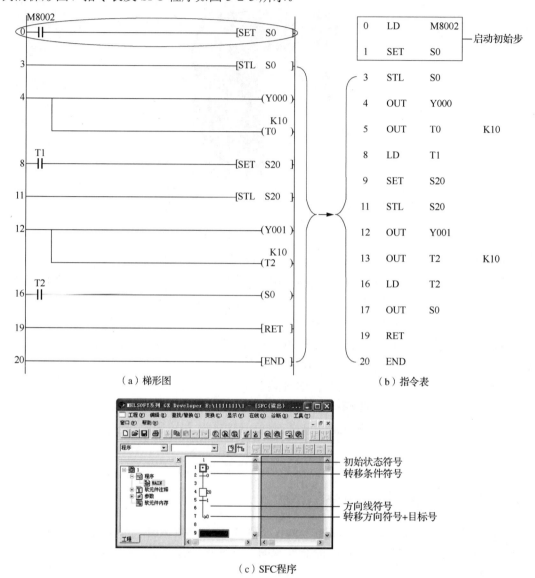

（a）梯形图 （b）指令表

（c）SFC程序

图 3-2-3　本例的梯形图、指令表及 SFC 程序

下面开始对图 3-2-3（c）所示的 SFC 程序进行介绍。一个完整的 SFC 程序包括初始状态、方向线、转移条件和转移方向。在 SFC 程序中初始状态必须是有效的，所以要有启动初始状态的条件，本例中梯形图的第一行表示启动初始步。下面介绍程序输入的具体步骤。

01　启动 GX Developer 编程软件，选择"工程"→"创建新工程"命令，或单击"新建工程"按钮，如图 3-2-4 所示。

02　弹出"创建新工程"对话框（图 3-2-5）。本书主要讲述三菱系列 PLC，所以在"PLC 系列"下拉列表框中选择"FXCPU"选项，在"PLC 类型"下拉列表框中选择"FX3O"

选项，在"程序类型"组中选中"SFC"单选按钮，在"工程名设定"组中设置好工程名和保存路径，之后单击"确定"按钮。

图 3-2-4 GX Developer 编程软件窗口

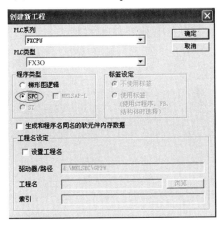

图 3-2-5 "创建新工程"对话框

03 弹出块列表窗口，如图 3-2-6 所示。双击第 0 块或其他块，弹出"块信息设置"对话框，如图 3-2-7 所示。

图 3-2-6 块列表窗口

图 3-2-7 "块信息设置"对话框 1

在"块标题"文本框中可以填入相应的块标题（也可以不填），在"块类型"组中选中"梯形图块"单选按钮。这里选中"梯形图块"单选按钮的原因是，在 SFC 程序中初始状态必须是激活的，而激活的方法是利用一段梯形图程序，而且这一段梯形图程序必须放在 SFC 程序的开头部分。在以后的 SFC 编程中，初始状态的激活都是利用一段梯形图程序，且该梯形图程序放在 SFC 程序的第一部分（也即第 1 块）。单击"执行"按钮，弹出"梯形图输入"对话框（图 3-2-8），在右边文本框中输入启动初始状态的梯形图。本例中利用 PLC 中一个辅助继电器 M8002 的上电脉冲使初始状态生效。在梯形图编辑窗口中单击第 0 行，输入初始化梯形图，如图 3-2-9 所示，输入完成后选择"变换"→"变换"命令或按 F4 快捷键，完成梯形图的变换。

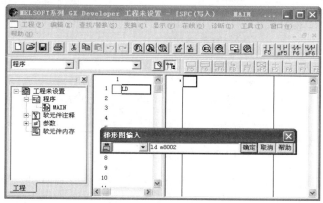

（a）"梯形图输入"对话框

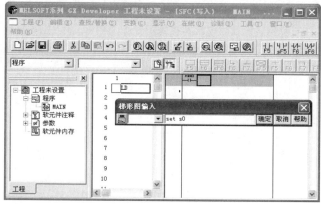

（b）上电脉冲初始状态生效

图 3-2-8 梯形图编辑

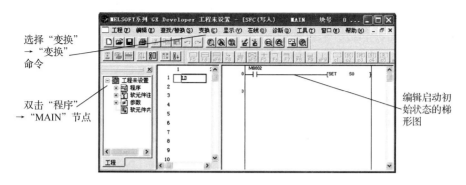

图 3-2-9　梯形图输入完毕

注意：如果想使用其他方式启动初始状态，只需要改动上图中的启动脉冲 M8002 即可，如果有多种方式启动初始化进行触点的并联即可。需要说明的是，在每一个 SFC 程序中至少有一个初始状态，且初始状态必须在 SFC 程序的最前面。在 SFC 程序的编制过程中，每一个状态中的梯形图编制完成后必须进行变换，才能进行下一步工作，否则弹出出错提示框，如图 3-2-10 所示。

以上完成了程序的第 1 块（梯形图块），双击工程数据列表窗口中的"程序"→"MAIN"节点，返回块列表窗口。双击第 1 块，在弹出的"块信息设置"对话框的"块类型"组中选中"SFC 块"单选按钮（图 3-2-11），在"块标题"文本框中可以输入相应的标题（或什么也不填），单击"执行"按钮，弹出 SFC 程序编辑窗口（图 3-2-12）。在 SFC 程序编辑窗口中光标变成空心矩形。

图 3-2-10　出错提示框

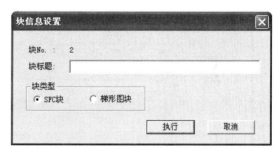

图 3-2-11　"块信息设置"对话框 2

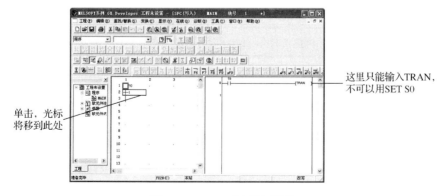

图 3-2-12　SFC 程序编辑窗口

注意：在 SFC 程序中每一个状态或转移条件都是以 SFC 符号的形式出现在程序中的，每一种 SFC 符号都对应有图标和图标号。

下面输入使状态发生转移的条件，在 SFC 程序编辑窗口中将光标移到第一个转移条件符号处（如图 3-2-12 中标注）。在右侧梯形图编辑窗口输入使状态转移的梯形图。从图 3-2-12 中可以看出，T0 触点驱动的不是线圈，而是 TRAN 符号，其意思是表示转移（transfer）。在 SFC 程序中所有的转移用 TRAN 表示，不可以用 SET+S×语句表示。在这里梯形图的编辑不再赘述，编辑完一个条件后按 F4 快捷键转换，转换后梯形图由原来的灰色变成亮白色，此时 SFC 程序编辑窗口中 1 前面的问号（?）不见了。下面输入下一个工步，在左侧的 SFC 程序编辑窗口中把光标下移到方向线底端，单击工具栏中的 [F5] 按钮或按 F5 快捷键，弹出 "SFC 符号输入" 对话框（图 3-2-13）。

图 3-2-13 "SFC 符号输入" 对话框

输入图标号后单击 "确定" 按钮，这时光标将自动向下移动，此时工步图标号前面有一个问号（?），这表示此工步还没有进行梯形图编辑，同样右侧的梯形图编辑窗口是灰色的不可编辑状态（图 3-2-14）。

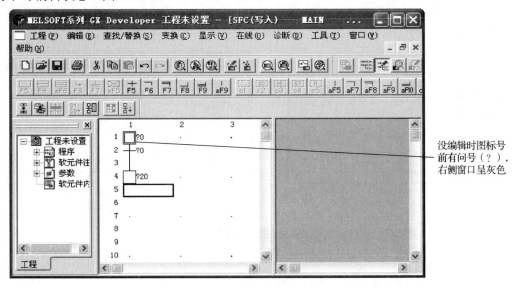

图 3-2-14 没编辑的工步

下面对工步进行梯形图编程。将光标移到工步符号处（即在工步符号处单击），此时右侧的窗口变为可编辑状态，在其中输入梯形图。此处的梯形图是指程序运行到此工步时要驱动哪些输出线圈，如本例中要求工步 20 驱动输出 Y0 及 T0 线圈。用相同的方法把控制系统的一个周期编辑完后，要求系统能周期性工作，所以在 SFC 程序中要有返回原点的符号。在 SFC 程序中用 JUMP（ [F8] ）+标号进行返回操作。输入方法是把光标移到方向线的最下端按 F8 快捷键或单击 [F8] 按钮，在弹出的 "SFC 符号输入" 对话框中输入要跳转的标号，单击"确定"按钮，如图 3-2-15 所示。

图 3-2-15 跳转符号输入

如果在程序中有选择分支也要用 JUMP+标号来表示，此用法这里不再详细介绍。本例只编写了单序列的 SFC，如图 3-2-16 所示。

当输入完跳转符号后，在 SFC 程序编辑窗口中可以看到有跳转返回的工步符号的方框中多了一个小黑点，这说明此工步是跳转返回的目标步，这为阅读 SFC 程序提供了方便。

所有的 SFC 程序编辑完后，单击"变换"按钮 ，进行 SFC 程序的变换（编译）。如果在变换时弹出"块信息设置"对话框，则直接单击"执行"按钮即可。变换后的程序可以进行仿真实验或写入 PLC 进行调试。如果想观看 SFC 程序对应的顺序控制梯形图，可以选择"工程"→"编辑数据"→"改变程序类型"命令，进行数据变换，如图 3-2-17 所示。

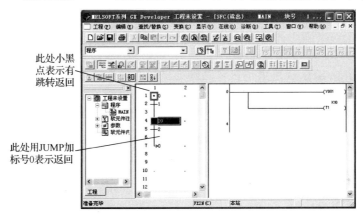

图 3-2-16 完整的 SFC 程序

图 3-2-17 数据变换

改变程序类型后可以看到由 SFC 程序变换成的梯形图程序，如图 3-2-18 所示。

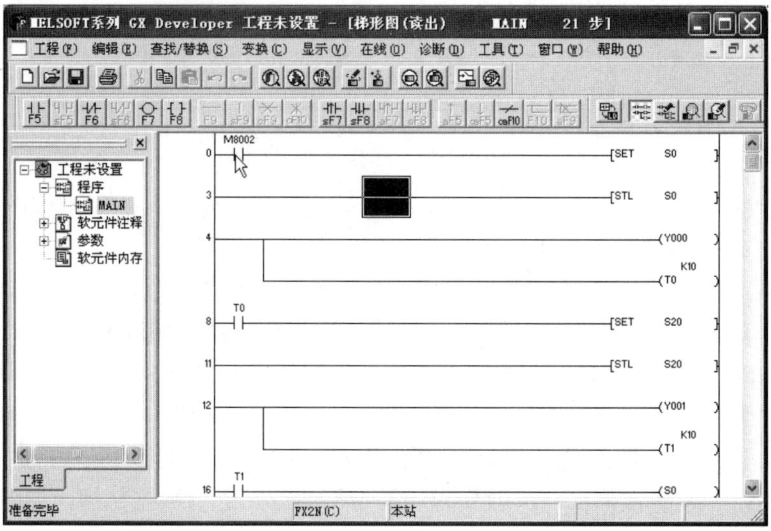

图 3-2-18　转化后的梯形图

小结：以上介绍了单序列 SFC 程序的编制方法，通过学习基本了解了 SFC 程序中状态符号的输入方法。在 SFC 程序中仍然需要进行梯形图的设计，且 SFC 程序中所有的状态转移用 TRAN 表示。

任务实施

本工作任务以机电一体化设备 YL-235A 为载体进行实施，完成气动机械手的拆装与装调，实现 PLC 控制机械手动作。

具体实施步骤如下。

第 1 步　按要求完成气动机械手的拆卸，拆装示意图如图 3-2-19 所示。

图 3-2-19　拆装示意图

01　将左右限位传感器从支架上拆卸下来。
02　将悬臂气缸从支架上拆卸下来。

03 取出旋转气缸。

04 将手臂气缸从悬臂上拆卸下来。

05 将气动气缸从手臂上拆卸下来。

第 2 步　根据机械手组装图，完成机械手的组装。

01 将零件组装成功能组件，如图 3-2-20 所示。

02 将功能组件装配成完成的搬运机械手，调节左右限位传感器上的螺栓，使机械手旋转的角度约为 56°，如图 3-2-21 所示。

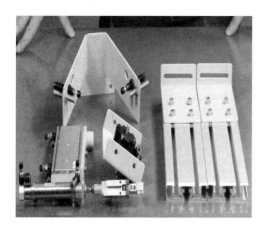

图 3-2-20　零件组装成功能组件

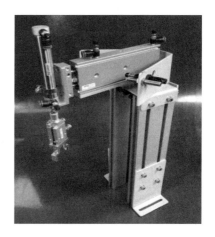

图 3-2-21　功能组件装配成完成的搬运机械手

03 安装机械手的传感器，如图 3-2-22 所示。

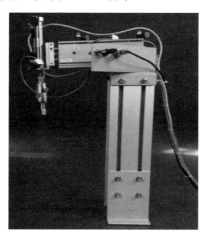

图 3-2-22　安装机械手的传感器

第 3 步　按控制要求分配 I/O 地址，绘制电气控制原理图。

该工作任务是通过 PLC 控制气动机械手动作，用 PLC 输出继电器 Y 实现对外部设备的控制。

01 根据控制要求，确定 I/O 地址分配，如表 3-2-1 所示。

表 3-2-1　PLC 的 I/O 分配表

输入地址			输出地址		
序号	名称	输入点编号	序号	名称	输出点编号
1	启动按钮	X0	1	驱动手爪松开	Y0
2	停止按钮	X1	2	驱动提升气缸上升	Y1
3	气动手爪传感器	X2	3	驱动臂气缸缩回	Y2
4	手爪提升限位传感器	X3	4	驱动手臂左转	Y3
5	气动手臂缩回传感器	X4	5	驱动手臂右转	Y4
6	旋转左限位传感器	X5	6	驱动臂气缸伸出	Y5
7	旋转右限位传感器	X6	7	驱动提升气缸下降	Y6
8	气动手臂伸出传感器	X7	8	驱动手爪抓紧	Y7
9	手爪下降限位传感器	X10			
10	物料检测传感器	X20			

02 绘制电气控制原理图，如图 3-2-23 所示。

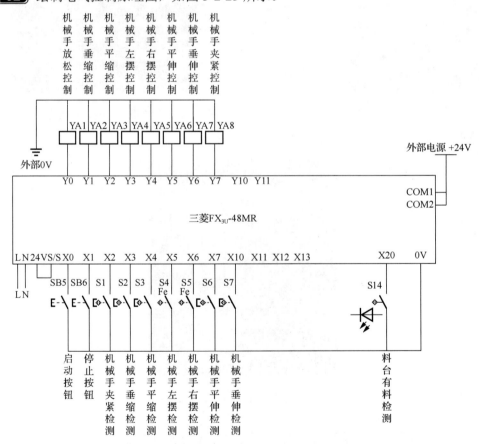

图 3-2-23　PLC 控制气动机械手运行的电气控制原理图

第 4 步　根据电气原理图，完成安装接线，如图 3-2-24 所示。

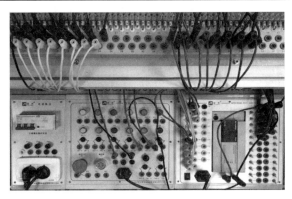

图 3-2-24　PLC 的安装接线

第 5 步　编写 PLC 控制程序。

01　通过机械手控制要求应熟知机械手的初始位置和复位注意事项。

1）机械手的初始状态如下。

① 机械手臂提升状态。

② 机械手臂缩回状态。

③ 机械手臂左转状态。

④ 机械手爪张开状态。

2）机械手恢复初始状态的动作按顺序依次如下。

① 机械手爪张开。

② 机械手臂提升（提升到位才能进入下一个）。

③ 机械手臂缩回（缩回到位才能进入下一个）。

④ 机械手臂左转。

注意：不正确恢复初始状态的危害，机械手如果处于左转、伸出、下降状态，就会与物料盘相撞，导致机械构件损毁，缩短设备使用寿命。

02　根据控制要求及表 3-2-1 的 I/O 地址分配，编写机械手顺序功能图，如图 3-2-25 所示，并将程序下载到 PLC 控制器中。

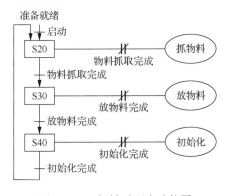

图 3-2-25　机械手顺序功能图

第6步　根据要求调试设备并达到控制功能。

01 机械手常见装置侧故障的分析与处理，如表 3-2-2 所示。

表 3-2-2　机械手常见装置侧故障的分析与处理

故障位置示意图	故障位置与类型	处理方法
	磁性传感器检测不到信息	调整传感器位置和检查电路
	左右限位传感器故障	调整传感器位置和检查电路
	节流阀无气压	调整节流阀阀门和检查油水分离器
	手爪磁性传感器检测不到手爪抓紧	调整传感器位置
	手臂气缸左右不到位	调整非标螺钉位置

02 机械手常见 PLC 侧故障的分析与处理，如表 3-2-3 所示。

表 3-2-3　常见 PLC 侧故障的分析与处理

故障位置示意图	故障位置与类型	处理方法
	安全插线不通	检查安全插线是否损坏
	传感器得电而 PLC 无输入信号	检测 PLC 端口 S/S 和 COM 有无接 24V 电源
	按钮不工作	检测接线或拆下维修
	PLC 工作电源故障	检查总电源输出
	传感器无输入，PLC 输入指示灯亮	检测 PLC 模块上输入按钮有无闭合
	PLC 有输出，电动机不转	用万用表测量输出端口与按钮模块有无电压
	按钮模块 24V 电源损坏	更换熔丝

调试已经安装好的搬运机械手 PLC 外部电路，常用的方法有以下两种。

1）用万用表检测。

① 将万用表置于蜂鸣挡。

② 检查 PLC 的输入端口 X。确定 X 端口连接是否正确，线路是否连通。

③ 检查 PLC 输出端口 Y。确定 Y 端口连接是否正确，线路是否连通。

④ 若出现不正常情况，则需进一步判断是 PLC 端口线路接触不良问题还是线路连接问题。

2）"观"和"测"相结合。在 PLC 通电状态下测试（测量与观察相结合）。

① 将万用表置于 DC200V。

② 测试 PLC 输入端口 X 与 COM 端的电压。若 X 未接通，则电压值为 DC24V 左右；若 X 通电，则电压值为 DC1V 左右（PLC 口内阻分压）。

③ 测试 PLC 输出端口 Y 与 COM 端的电压。若 Y 未接通，则电压值为 DC0V 左右（经

过指示灯分压）；若 Y 通电，则电压值为 DC24V 左右。

任务评价

完成任务后，填写任务评价表（表 3-2-4）。

表 3-2-4　任务评价表

评分内容	配分	评分标准	扣分	得分
机械手拆卸、安装与调试	40 分	气动机械手的拆卸、安装，不符合要求每处扣 5 分，最多扣 20 分		
		机械手的传感器调试是否达到要求，不符合要求每处扣 5 分，最多扣 20 分		
I/O 地址表绘制	15 分	输入地址表绘制不正确每处扣 1 分，最多扣 5 分		
		输出地址表绘制不正确每处扣 2 分，最多扣 10 分		
PLC 外部接线图绘制	15 分	主电路绘制不正确每处扣 1 分，最多扣 5 分		
		PLC 接线图 I/O 绘制不正确每处扣 2 分，最多扣 10 分		
功能调试	30 分	启动、停止功能不正确，在运行中不能正确动作每处扣 5 分，最多扣 10 分		
		机械手不能按正确流程动作或出现碰撞，每处扣 5 分，最多扣 10 分		
		安全文明生产，没有违反操作规程，工作服穿戴整齐，工位清洁不扣分，如有不符合要求的地方视情况扣分，最多扣 10 分		

总结与反思：

思考与练习

1．如何在防止机械手碰撞的同时实现安全复位？

2．机械手拆卸和安装时遇到了哪些问题？请简述其原因并说明解决的方法。

3．机械手出现电路故障时，能否很快排除故障？

4．为什么气缸不工作时，活塞杆应处于缩回状态？根据你的看法，说说机械手转动时，气缸的活塞杆必须缩回的理由。

 任务 **3.3** 机电一体化设备带输送机的组装与调试

任务描述

设备上电和气源接通后，若工作单元的 3 个气缸均处于缩回位置，则表示设备准备好。

若设备准备好后，按下启动按钮 SB5，系统启动，当传送带入料口人工放下已装配的工件时，变频器启动，驱动传动电动机以频率 25Hz 把工件带往分拣区。

如果工件为金属物料，则电感式传感器检测到传送带停止，工件被推到 1 号槽中；

如果工件为白色物料，则白色光纤传感器检测到传送带停止，工件被推到 2 号槽中；如

果工件为黑色物料，则黑色光纤传感器检测到传送带停止，工件被推到 3 号槽中。工件被推出滑槽后，该工作单元的一个工作周期结束。只有工件被推出滑槽后，才能再次向传送带下料。按停止按钮 SB6，需完成当前物料的分拣才停止。

按要求完成下列任务：

1）带输送机的拆卸。

2）带输送机机架的组装。

3）按控制要求分配 I/O 地址，绘制电气控制原理图。

4）根据控制要求编写流程图程序。

5）根据要求进行连接测试，调试设备并达到控制要求。

⚡ 相关知识

3.3.1 输送机的认识

输送机是在一定线路上连续输送物料的物料搬运机械，又称连续输送机。输送机可进行水平、倾斜和垂直输送，也可组成空间输送线路，且输送线路一般是固定的。输送机按运作方式可分为装补一体输送机、带输送机、螺旋输送机、斗式提升机、滚筒输送机、板链输送机、网带输送机和链条输送机。输送机输送能力强，运距长，可在输送过程中完成若干工艺操作，应用十分广泛。常见的输送机如图 3-3-1 所示。

带输送机结构形式多样，有槽型带输送机、平型带输送机、爬坡带输送机、侧倾带输送机、转弯带输送机等多种形式。常用的胶带输送机可分为普通帆布芯胶带输送机、钢绳芯高强度胶带输送机、全防爆下运胶带输送机、难燃型胶带输送机、双速双运胶带输送机、可逆移动式胶带输送机、耐寒胶带输送机等。带输送机主要由机架、传送带、带滚筒、张紧装置、传动装置等组成。

（a）生产流水线上的输送机

（b）带输送机

图 3-3-1 常见的输送机

（c）分拣机构上的输送机

图 3-3-1　（续）

3.3.2　机电一体化设备 YL-235A 中的带输送机分拣机构简介

机电一体化设备 YL-235A 中的带输送机分拣机构由固定机架、脚支架、传送带、传送带传送轴、轴承支架、电动机等部件组成。固定机架为铝合金型材，其框架机构作用。脚支架起固定及调节高度作用。轴承支架起传送带传动轴固定及调节传送带张紧度与平行度的作用。传送带输送机由三相异步电动机拖动，用变频器对三相电动机进行调速控制。带输送机分拣机构如图 3-3-2 所示。

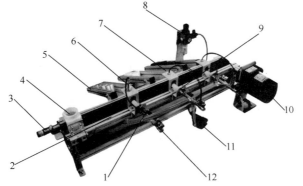

动画：传送带
拆装示意

1—磁性传感器 D-C73；2—传送分拣机构；3—落料口传感器；4—落料口；5—料槽；6—电感式传感器；7—光纤传感器；8—过滤调压阀；9—节流阀；10—三相异步电动机；11—光纤放大器；12—推料气缸。

图 3-3-2　带输送机分拣机构

1）落料口传感器：检测是否有物料到传送带上，并给 PLC 一个输入信号。

2）落料口：物料落料位置定位。

3）料槽：放置物料。

4）电感式传感器：检测金属材料，检测距离为 3～5mm。

5）光纤传感器：用于检测不同颜色的物料，可通过调节光纤放大器区分不同颜色的灵敏度。

6）三相异步电动机：驱动传送带转动，由变频器控制。

7）推料气缸：将物料推入料槽，由电控气阀控制。

任务实施

本工作任务以机电一体化设备 YL-235A 为载体进行实施，完成带输送机分拣机构的拆装与装调，设备组装图如图 3-3-3 所示，实现 PLC 控制带输送机动作。

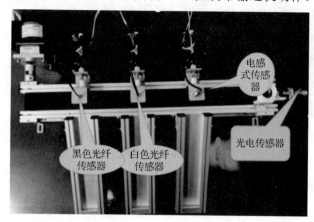

图 3-3-3　设备组装图

具体实施步骤如下。

第 1 步　按要求完成带输送机的拆卸，拆装示意图如图 3-3-4 所示。

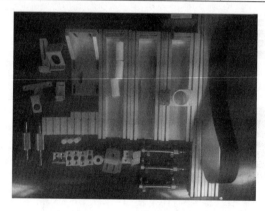

图 3-3-4　拆卸示意图

第 2 步　根据带输送机组装图，完成带输送机机架的组装，具体操作步骤如图 3-3-5 所示。

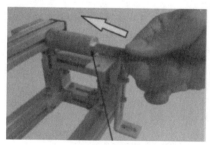

（a）装入主辊筒

（b）套入传送带

图 3-3-5　带输送机机架的组装操作步骤

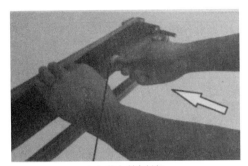

（c）装上所有托辊

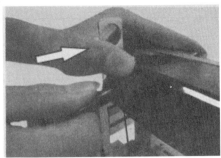

（d）装上带辊筒

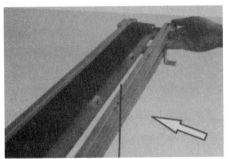

（e）装上上前梁

（f）固定上前梁

（g）调节螺栓使主辊筒与带辊筒平行，传送带松紧度适当

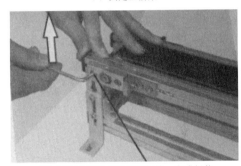

（h）拧紧两侧轴承座紧固螺栓，完成组装

图 3-3-5　（续）

第3步　按控制要求分配 I/O 地址，绘制电气控制原理图。

该工作任务是通过 PLC 控制带输送机分拣机构，用 PLC 输出继电器 Y 实现对外部设备的控制。

01　根据控制要求，确定 I/O 地址分配，如表 3-3-1 所示。

表 3-3-1　PLC 的 I/O 分配表

输入地址			输出地址		
序号	名称	输入点编号	序号	名称	输出点编号
1	启动按钮	X0	1	驱动气缸1	Y11
2	停止按钮	X1	2	驱动气缸2	Y12
3	气缸1前限传感器	X11	3	驱动气缸3	Y13

输入地址			输出地址		
序号	名称	输入点编号	序号	名称	输出点编号
4	气缸1后限传感器	X12	4	变频器正转	Y20
5	气缸2前限传感器	X13	5	变频器高速	Y22
6	气缸2后限传感器	X14			
7	气缸3前限传感器	X15			
8	气缸3后限传感器	X16			
9	料口传感器	X17			
10	电感式传感器	X21			
11	白色光纤传感器	X22			
12	黑色光纤传感器	X23			

02 绘制电气控制原理图，如图3-3-6所示。

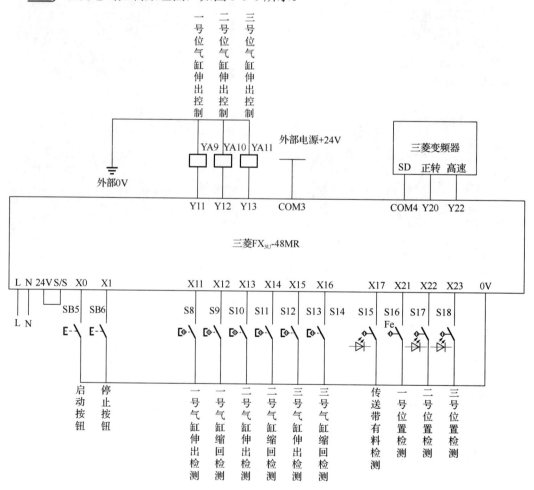

图3-3-6　PLC控制带输送机运行的电气控制原理图

03 根据电气控制原理图，完成安装接线，如图 3-3-7 所示。

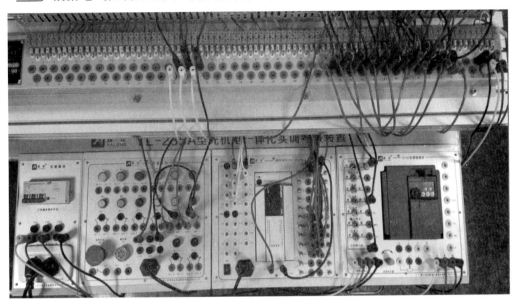

图 3-3-7 PLC 的安装接线示意图

1）带输送机分拣机构 PLC 控制电路的安装主要需包括以下内容。

① 连接 PLC 模块和按钮模块供电电源，由电源模块供给（用国标线安全连接）。

② 连接 PLC 输入端 COM 到 PLC 模块 0V 电源，连接 PLC 输入端 S/S 到 PLC 模块 24V 电源（用安全插线安全连接）。

③ 连接 PLC 输出端 COM 到按钮模块 24V 电源（用安全插线安全连接）。

④ 根据接线端子图、电气控制原理图安装接线到对应接线端子。

⑤ 根据接线端子图、电气控制原理图和 I/O 分配表连接接线端子到 PLC（用安全插线安全连接），根据 I/O 分配表连接按钮和指示灯等（用安全插线安全连接）。

2）电路安装工艺要求。

① 电气接线的工艺应符合国家职业标准的规定，导线连接到端子时，每一端子连接的导线不超过 2 根。

② PLC 输入端、输出端、24V 和 0V 电源要求电线颜色分别统一一致。

③ 电路安装完毕后，需将电线整理入线槽，做到整齐干净。

④ 整理工作台和抽屉保持干净。

第 4 步　编写 PLC 控制程序流程图。

根据控制要求及表 3-3-1 所示的 I/O 地址分配，编写机械手流程图，如图 3-3-8 所示，并将程序下载到 PLC 控制器中。

第 5 步　根据要求调试设备并达到控制功能。

01 常见故障现象，如表 3-3-2 所示。

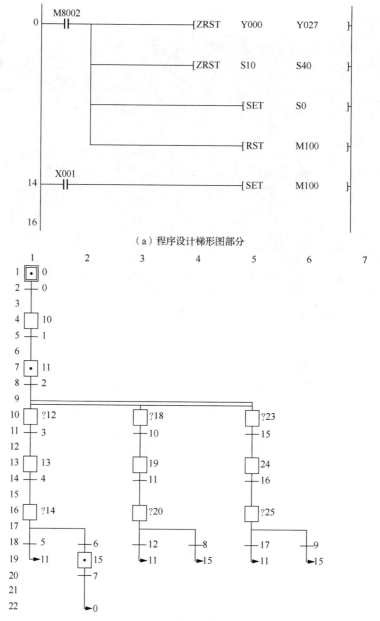

（a）程序设计梯形图部分

（b）程序设计SFC流程图部分

图 3-3-8 带输送机分拣流程图

表 3-3-2 常见故障现象

类型	故障现象
硬件故障	电路连接错误
	电路连接不牢固
	元器件损坏
	传感器调整不准
	机械安装不到位
软件故障	软件故障视具体情况而定，暂不做详细解释

02 带输送机分拣机构 PLC 侧的电路调试如图 3-3-9 所示。

图 3-3-9 带输送机分拣机构 PLC 侧的电路调试

注意: 调试过程中如出现故障,应结合经验自行分析解决问题,从而实现控制功能。

任务评价

完成任务后,填写任务评价表(表 3-3-3)。

表 3-3-3 任务评价表

评分内容	配分	评分标准	扣分	得分
带输送机机架拆卸、安装与调试	40 分	带输送机机架的拆卸、安装,不符合要求每处扣 5 分,最多扣 20 分		
		各类的传感器调试是否达到要求,不符合要求每处扣 5 分,最多扣 20 分		
I/O 地址表绘制	15 分	输入地址表绘制不正确每处扣 1 分,最多扣 5 分		
		输出地址表绘制不正确每处扣 2 分,最多扣 10 分		
PLC 外部接线图绘制	15 分	主电路绘制不正确每处扣 1 分,最多扣 5 分		
		PLC 接线图 I/O 绘制不正确每处扣 2 分,最多扣 10 分		
功能调试	30 分	启动、停止功能不正确,在运行中不能正常动作每处扣 5 分,最多扣 10 分		
		带输送机分拣机构能否按正确流程分拣物料,并准确推入料槽,如不能每处扣 5 分,最多扣 10 分		
		安全文明生产,没有违反操作规程,工作服穿戴整齐,工位清洁不扣分,如有不符合要求的地方视情况扣分,最多扣 10 分		

总结与反思:

思考与练习

1. 如何准确判断物料材质并能准确推入?

2. 带输送机在拆卸和安装时遇到了哪些问题?请简述其原因并说明解决的方法。

3. 带输送机出现机械、电路故障时,能否很快排除故障?

4. 在调节传送带松紧度的过程中遇到了哪些困难?如何测量输送机主辊筒轴和带辊筒轴的平行度?

机电一体化设备机械设备的组装与调试

任务描述

本工作任务是在机电一体化设备 YL-235A 上完成设备组装，如图 3-4-1 所示。

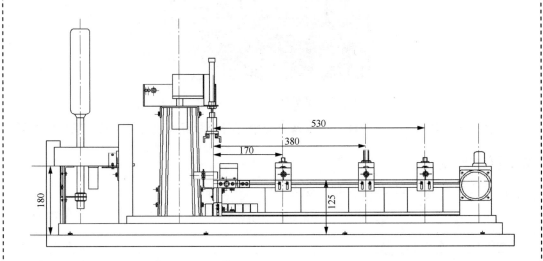

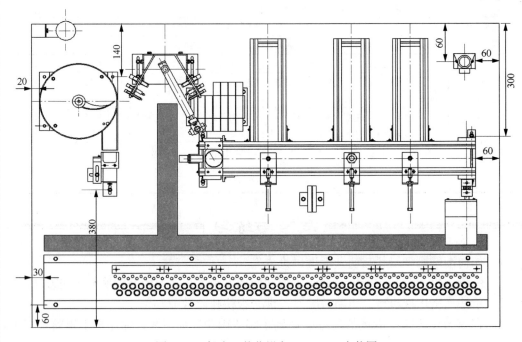

图 3-4-1　机电一体化设备 YL-235A 安装图

相关知识

3.4.1 机械设备装配图的识读

装配图的识读首先要分析和明确机电一体化设备 YL-235A 中机械设备各部件、元器件的名称和作用，根据任务 3.1～任务 3.3 的内容，分析供料装置、气动机械手、带输送机各部分的相关安装位置。重点是必须明确各部分部件、元器件等的安装尺寸基准。

3.4.2 结构分析

整个机电一体化设备 YL-235A 中的机械设备可以大体上分为带输送机、气动机械手、供料装置部件及接线排、线槽、电磁阀、警示灯组、气源组件等。

任务实施

本工作任务以机电一体化设备 YL-235A 为载体进行实施，完成设备组装，如图 3-4-1 所示。

1．设备组装步骤

在组装设备前应先分析各部件、元器件的安装位置和相互关系。为了方便安装和调试，可以参考以下组装方法和顺序。

01 按要求安装带输送机。
02 安装供料装置。
03 安装气动机械手。
04 安装电磁阀。
05 安装警示灯组、气源组件。
06 安装接线排。
07 安装线槽。

组装技巧：可以先把螺钉和螺母套在各相应的安装底座位置，再从工作平台端面的槽孔套入，这样可以提高安装速度。

2．设备的调整和测量

各部件可以参考以下调整和测量方法：为了提高安装速度和精度，按照图样要求可以先把各部件和元器件安装在各相应的位置上，最后统一固定、调整与测量。具体可参考任务 3.1～任务 3.3。

关键尺寸精度部位要符合各部件安装图的要求。

关键位置精度部位调整包括机械手手指与带输送机的高度调整、机械手手爪与供料装置的高度调整、机械手左右摆动角度调整。

任务评价

完成任务后，填写任务评价表（表3-4-1）。

表3-4-1　任务评价表

评分内容	配分	评分标准	扣分	得分
带输送机的安装与调试	20 分	带输送机机架的安装符合尺寸精度，不符合要求每处扣 5 分，最多扣 10 分		
		带输送机上各部件是否达到要求，不符合要求每处扣 2 分，最多扣 10 分		
机械手安装与调试	20 分	机械手的安装位置是否符合尺寸精度，不符合要求每处扣 5 分，最多扣 10 分		
		机械手各部件是否安装牢固，能否达到要求，不符合每处扣 2 分，最多扣 10 分		
供料装置的安装与调试	20 分	供料装置位置是否符合尺寸精度，不正确每处扣 5 分，最多扣 10 分		
		各部件是否安装牢固，能否达到要求不正确每处扣 2 分，最多扣 10 分		
功能调试	40 分	在达到相关要求的情况下，设备在运行中不能正常连贯动作每处扣 10 分，最多扣 20 分		
		设备运行中速度过快或不能准确到位，每处扣 5 分，最多扣 10 分		
		安全文明生产，没有违反操作规程，工作服穿戴整齐，工位清洁不扣分，如有不符合要求的地方视情况扣分，最多扣 10 分		

总结与反思：

思考与练习

1. 如何调节机械手的摆动位置，使物料能够准确抓取和放入料口？
2. 设备组装中遇到了哪些问题？请简述其原因并说明解决的方法。
3. 电动机带动带输送机运行时出现传送带跳动且打滑应如何处理？
4. 设备组装顺序如何确定？了解安装顺序对安装精度、安装速度有何影响？

4

项 目

机电一体化设备控制程序的
设计与调试

>>>>

◎ **项目导读**

在实际应用中，机电一体化设备为适应生产的需求，有时需要高速运行，有时需要低速运行；有时应手动，有时又需要自动操作，因此这些设备可能都会用到变频器。本项目要求通过完成手动带输送机程序的设计与调试，自动带输送机程序的设计与调试、工件分拣程序的设计与调试 3 个工作任务，学会手动、自动多段速机电一体化设备的组装与调试。

◎ **学习目标**

- 了解机电一体化设备 YL-235A 中变频器控制自动带输送机的方法，并能处理变频器在运行中出现的故障。
- 能够根据控制要求进行自动带输送机程序的设计与调试。

◎ **思政目标**

- 树立正确的学习观、价值观，自觉践行行业道德规范。
- 牢固树立质量第一、信誉第一的强烈意识。
- 遵规守纪，安全生产，爱护设备，钻研技术。
- 发扬一丝不苟、精益求精的"工匠精神"。

任务 4.1 手动带输送机程序的设计与调试

任务描述

对于某煤矿运送煤炭的带输送机，按下 SB1 按钮后，该带输送机正转（变频器频率 10Hz），松开 SB1 按钮后停止；按下 SB2 按钮后，该带输送机正转（变频器频率 20Hz），松开 SB2 按钮后停止；按下 SB3 按钮后，该带输送机反转（变频器频率 30Hz），松开 SB3 按钮后停止。带输送机的提速时间为 1s，降速时间为 2s。按要求完成下列任务：

1）按控制要求分配 I/O 地址，绘制电气控制原理图。

2）根据控制要求编写 PLC 程序。

3）按任务要求设置变频器参数。

4）根据要求进行通信连接测试，调试设备并达到控制要求。

相关知识

4.1.1 变频器的调速原理

因为三相异步电动机的转速公式为

$$n_0 = \frac{60f}{p}(1-s)$$

式中　n_0——同步转速；

　　　f——电源频率，Hz；

　　　p——电动机极对数；

　　　s——电动机转差率。

从公式可知，改变电源频率即可实现调速。

三相异步电动机定子每相电动势的有效值为

$$E_1 = 4.44 f_1 N_1 \Phi_m$$

式中　f_1——电动机定子频率，Hz；

　　　N_1——定子相绕组有效匝数；

　　　Φ_m——每极磁通量，Wb。

从公式可知，对 E_1 和 f_1 进行适当控制即可维持磁通量不变。

因此，异步电动机的变频调速必须按照一定的规律同时改变其定子电压和频率，即必须通过变频器获得电压和频率均可调节的供电电源。

4.1.2　变频器 3 段速参数的设定方法

三菱变频器可以实现的多段速控制功能有 3 段速控制功能、7 段速控制功能和 15 段速控制功能。本任务只用到了 3 段速控制功能。所以，这里仅介绍 3 段速控制的相关知识。三菱变频器中 Pr.4 用于多段速的高速频率设定。Pr.5 用于多段速的中速频率设定。Pr.6 用于多段速的低速频率设定。

对电动机进行控制，不仅要考虑电动机的运行频率，还要考虑到一些其他问题，如电动机从静止加速到所需工频运行的时间，这又涉及一些常用参数的设置，如表 4-1-1 所示。

表 4-1-1　常用参数的设置

参数编号	名称	单位	初始值	范围	用途
0	转矩提升	0.1%	0.4～0.75K	0～30%	可以根据负载的情况，提高低频时电动机的启动转矩
			1.5～3.7K		
			5.5～7.5K		
			11～55K		
			75K 以上		
1	上限频率	0.01Hz	120/60Hz	0～120Hz	设置输出频率的上限
2	下限频率	0.01Hz	0Hz	0～120Hz	设置输出频率的下限
3	基底频率	0.01Hz	50Hz	0～400Hz	查看电动机的额定铭牌进行确认
4	3 速设定高速	0.01Hz	50Hz	0～400Hz	
5	3 速设定中速	0.01Hz	30Hz	0～400Hz	设定运转速度
6	3 速设定低速	0.01Hz	10Hz	0～400Hz	
7	加速时间	0.1s	5s/15s	0～3600s	设定加减速时间。初始值根据变频器的容量不同而不同
8	减速时间	0.1s	5s/15s	0～3600s	
9	电子过电流保护器	0.01A/0.1A	变频器额定输出电流	0～500A/0～3600A	用变频器对电动机进行热保护，设定电动机的额定电流
79	运行模式选择	1	0	0, 1, 2, 3, 4, 6, 7	选择启动指令场所和频率设定场所

4.1.3　变频器外部控制模式的变更操作

操作方法：旋转 M 旋钮，将 Pr.79 的数值变为 "2"，固定为 EXT 外部控制模式就可以了。但是，在做此操作之前，应将控制方式设定为 PU 模式，因为需要以控制面板来进行其他参数的调整，或将 Pr.79 的数值设定为 "0"，这样就可以在 PU 运行模式和 EXT 外部控制模式之间自由切换了。

4.1.4 常用参数的设置

1）提高启动时的转矩（Pr.0）。在施加负载后电动机不转动或出现警报【OL】,【OC1】跳闸等情况下，进行 Pr.0 设定，如图 4-1-1 所示。

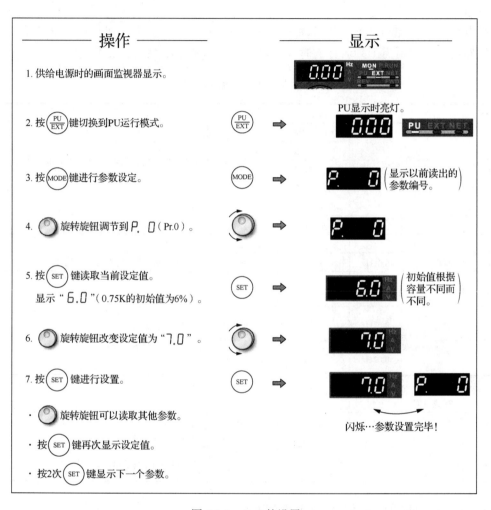

图 4-1-1 Pr.0 的设置

2）设置输出频率的上限与下限（Pr.1、Pr.2），可以限制电动机的速度。Pr.1 的设置如图 4-1-2 所示。Pr.2 的设置方法与 Pr.1 相同。

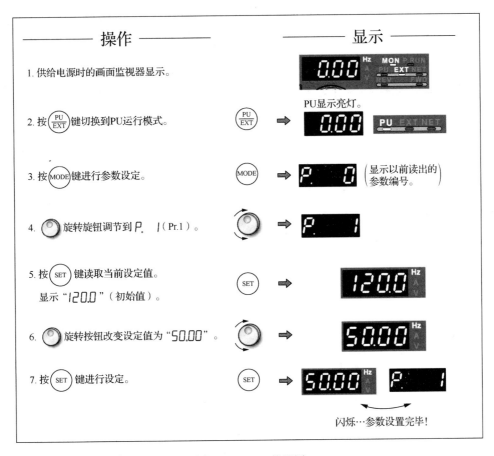

图 4-1-2　Pr.1 的设置

注意： 设定 Pr.1 后，即使旋转 M 旋钮也不能设定比 Pr.1 更高的值。如果要达到 120Hz 以上的高速运行，要设定 Pr.18（高速上限频率）。

3）高、中、低 3 段速的设定。在使用变频器的过程中，要对变频器的全部参数进行清零，如图 4-1-3 所示，也就是对变频器进行初始化的操作。清除操作完成之后，高、中、低 3 段速参数的出厂设置正好满足这里对电动机运行速度的要求，故可以不进行设置。

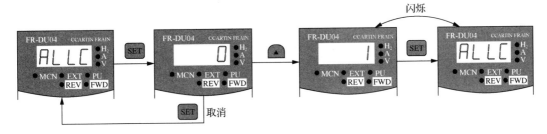

图 4-1-3　全部清除操作

4）设置加速时间、减速时间（Pr.7、Pr.8）。Pr.7、Pr.8 用于设定电动机的加速时间、减速时间。慢慢地加速时，Pr.7 设定为较大值，快速加速时，Pr.7 设定为较小值。

5）用变频器对电动机进行热保护。为了防止电动机的温度过高，应对 Pr.9 进行设置。

对于 0.4K、0.75K 的产品，应设定 Pr.9 的值为变频器额定电流的 85%。最小设定单位：55K 以下为 0.01A，75K 以上为 0.1A。根据电动机的额定输入电流变更 Pr.9 为 0.5A。其具体的操作方法不再详细说明。

4.1.5 变频器外部控制端子功能

FR-E740-0.75K-CHT 变频器的外部控制端子如图 4-1-4 所示。

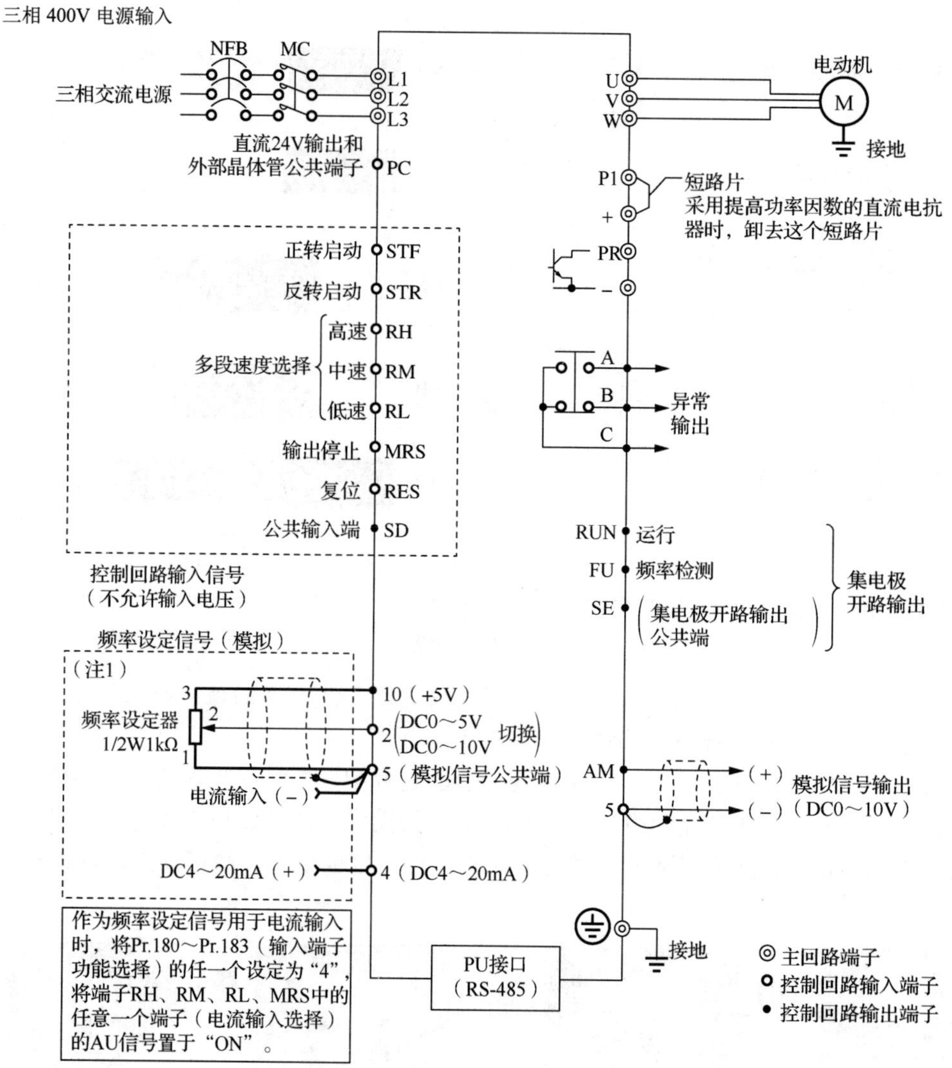

图 4-1-4　FR-E740-0.75K-CHT 变频器的外部控制端子

注意： 1）变频器操作频率高的情况下，应使用 0.5W1kΩ 的旋钮电位器。

2）使端子 SD 和 SE 绝缘。

3）端子 SD 和端子 5 是公共端子，不能接地。

4）端子 PC～SD 之间作为直流 24V 的电源使用时，注意不要让两端子间短路。一旦短路会造成变频器损坏。

任务实施

本工作任务以机电一体化设备 YL-235A 为载体进行实施,以 PLC 控制为主,以触摸屏控制为辅,具体操作步骤如下。

第 1 步　按控制要求分配 I/O 地址,绘制电气控制原理图。

该工作任务是通过触摸屏上的组态按钮来控制变频器的运行,所以不需要外部的按钮作为输入信号,对于 PLC 控制器只用到它的输出,通过触摸屏与 PLC 控制器的通信,用 PLC 内部的中间继电器实现对外部设备的控制。

01　根据控制要求,确定 I/O 地址分配,如表 4-1-2 所示。

表 4-1-2　PLC 的 I/O 分配表

输入地址			输出地址		
序号	名称	输入点编号	序号	名称	输出点编号
1	SB1 按钮	X0	1	STF 正转	Y20
2	SB2 按钮	X1	2	STR 反转	Y21
3	SB3 按钮	X2	3	RH	Y22
			4	RM	Y23
			5	RL	Y24

02　绘制电气控制原理图,如图 4-1-5 所示。

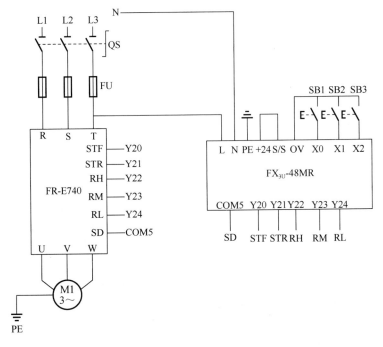

图 4-1-5　触摸屏控制带输送机运行的电气控制原理图

第 2 步 编写相关示例程序。

根据控制要求及表 4-1-2 的 I/O 地址分配,编写实例程序(图 4-1-6),并将程序下载到 PLC 控制器中。

图 4-1-6 实例程序

第 3 步 根据控制要求进行变频器的参数设置,如表 4-1-3 所示。

表 4-1-3 变频器设置参数表

序号	参数代号	参数值	说明
1	Pr.4	30Hz	高速
2	Pr.5	20Hz	中速
3	Pr.6	10Hz	低速
4	Pr.7	1s	加速时间
5	Pr.8	2s	减速时间
6	Pr.79	2	电动机控制模式(外部操作模式)

第 4 步 根据要求进行通信连接测试,调试设备达到控制要求,如图 4-1-7 所示。

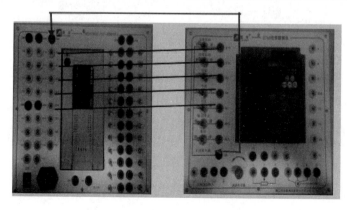

图 4-1-7 PLC 与变频器的连接

第 5 步　运行。

在确认参数设置及连接没有错误、通电正常的情况下，就可以通过按钮模块的按钮来控制变频器的多段速正反转运行了。

任务评价

完成任务后，填写任务评价表（表 4-1-4）。

表 4-1-4　任务评价表

评分内容	配分	评分标准	扣分	得分
变频器的使用	40 分	变频器接线正确得分，不正确不得分（20 分）		
		参数设置是否达到要求，不符合要求每处扣 2 分，最多扣 20 分		
I/O 地址表绘制	15 分	输入地址表绘制不正确每处扣 1 分，最多扣 5		
		输出地址表绘制不正确每处扣 2 分，最多扣 10 分		
PLC 外部接线图绘制	15 分	主电路绘制不正确每处扣 1 分，最多扣 5 分		
		PLC 接线图 I/O 绘制不正确每处扣 2 分，最多扣 10 分		
功能调试	30 分	控制速度不正确每处扣 5 分，最多扣 10 分		
		PLC 功能实现不正确每处扣 3 分，最多扣 15 分		
		安全文明生产，没有违反操作规程，工作服穿戴整齐，工位清洁不扣分，如有不符合要求的地方视情况扣分，最多扣 5 分		

总结与反思：

思考与练习

1．手动控制变频器实现带输送机正反转及多段调速，要求按下 SB1 按钮后，带输送机能以 15Hz 正转运行；按下 SB2 按钮后，带输送机能以 30Hz 正转运行；按下 SB3 按钮后，带输送机能以 50Hz 反转运行。

2．思考变频器参数上升时间 P7 和下降时间 P8 的不同之处。简述参数设置中对速度的变化影响。

3．PLC 与变频器的接线有哪些注意事项？你出现过什么问题？如何解决的？

4．思考如何实现变频器手动 7 段速的控制。

 任务 **4.2**　## 自动带输送机程序的设计与调试

任务描述

某煤矿运送煤炭的带输送机按下启动按钮后先以 8Hz 正转运行 10s，然后以 28Hz 运行 5s，再停止 5s，然后自动切换到 38Hz 反转运行，运行 10s 后停止；带输送机的

加速时间为 1s，减速时间为 2s，按下停止按钮立刻停止。按要求完成下列任务：

　　1）按控制要求分配 I/O 地址，绘制电气控制原理图。

　　2）根据控制要求编写 PLC 程序。

　　3）按任务要求设置变频器参数。

　　4）根据要求进行通信连接测试，调试设备并达到控制要求。

相关知识

4.2.1　变频器控制电路与主接线

变频器控制电路如图 4-2-1 所示。变频器主接线如图 4-2-2 所示。

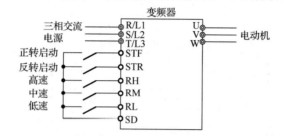

图 4-2-1　变频器控制电路

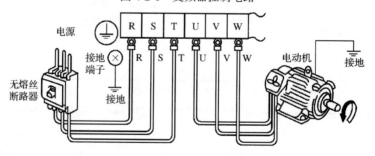

图 4-2-2　变频器主接线

多段速控制如图 4-2-3 所示。

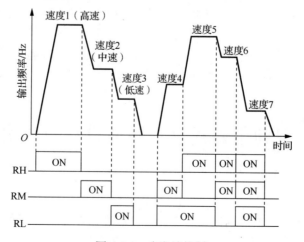

图 4-2-3　多段速控制

4.2.2　辅助继电器

FX$_{2N}$ 系列 PLC 内部有很多辅助继电器（M），其和 PLC 外部无任何直接联系，只能由 PLC 内部程序控制。其常开/常闭触点只能在 PLC 内部编程使用，且可以使用无限次，但是其不能直接驱动外部负载。外部负载只能由输出继电器触点驱动。FX$_{2N}$ 系列 PLC 的辅助继电器分为通用辅助继电器、断电保持辅助继电器和特殊辅助继电器。

（1）通用辅助继电器

M0～M499 共 500 个是通用辅助继电器。通用辅助继电器在工作时，如果电源突然断电，则线圈均断开。当电源再次接通时，除了因外部输入信号而变为接通的线圈外，其余线圈仍将保持断开状态，它们没有断电保护功能。通用辅助继电器常在逻辑运算中作为辅助运算、状态暂存、移位等。

M0～M499 可以通过编程软件的参数设定，变为断电保持辅助继电器。

（2）断电保持辅助继电器

M500～M3071 共 2572 个断电保持辅助继电器。与通辅助继电器不同的是，它具有断电保护功能，即能记忆电源中断瞬间的状态，并在重新通电后再现其状态。它之所以能在电源断电时保持其原有的状态，是因为电源中断时它们用 PLC 中的锂电池保持自身映像寄存器中的内容。其中，M500～M1023 共 524 点可以通过编程软件的参数设定，变为通用辅助继电器。

（3）特殊辅助继电器

M8000～M8255 共 256 个为特殊辅助继电器。根据使用方式可分为触点型和线圈型两大类。

1）触点型：其线圈由 PLC 自行驱动，用户只能利用其触点。例如：

M8000：运行监视器（在 PLC 运行时接通），M8001 与 M8000 逻辑相反。

M8002：初始脉冲，只在 PLC 开始运行的第一个扫描周期接通，M8003 与 M8002 逻辑相反。

M8011：10ms 时钟脉冲。

M8012：100ms 时钟脉冲。

M8013：1s 时钟脉冲。

M8014：1min 时钟脉冲。

2）线圈型：由用户程序驱动线圈后 PLC 执行特定的动作。例如：

M8030：使 BATTLED（锂电池欠电压指示灯）熄灭。

M8033：PLC 停止时输出保持。

M8034：禁止全部输出。

M8039：定时扫描方式。

4.2.3　定时器

定时器相当于继电器电路中的时间继电器，可在程序中进行延时控制。FX$_{2N}$ 系列 PLC 定时器具有 4 种类型，如表 4-2-1 所示。

表 4-2-1　FX$_{2N}$ 系列 PLC 定时器

类型	时基时间/ms	定时范围/s	定时器编号
定时器（T）	100	0.1～3276.7	T0～T199（200 点）
	10	0.01～327.67	T200～T245（46 点）
	1（积算）	0.001～32.767	T246～T249（4 点）
	100（积算）	0.1～3276.7	T250～T255（6 点）

　　PLC 中的定时器是根据时钟脉冲累积计时的（定时器的工作过程实际上是对时钟脉冲计数），时钟脉冲有 1ms、10ms、100ms 等不同规格。因工作需要，定时器除占有自己编号的存储器位外，还占有一个设定值寄存器（字）、一个当前值寄存器（字）。设定值寄存器（字）存储编程时赋值的计时时间设定值。当前值寄存器记录计时的当前值。这些寄存器为 16 位二进制存储器。其最大值乘以定时器的计时单位值即为定时器的最大计时范围值。定时器满足计时条件后开始计时，当前值寄存器开始计数，当当前值与设定值相等时定时器动作，使常开触点接通、常闭触点断开，并通过程序作用于控制对象，达到时间控制的目的。

　　注意：定时器的计时时间都有一个最大值，如 100ms 定时器的最大计时时间为 3276.7s。若工程中所需的延时时间大于这个数值，则一个最简单的方法是采用定时器接力方式，即先启动一个定时器计时，计时时间到时，用第一个定时器的常开触点启动第二个定时器，再使用第二个定时器启动第三个定时器，依此类推。最后一个定时器的触点控制最终控制对象。

4.2.4　计数器

　　PLC 内部有对元件（如 X 等）信号进行计数的计数器（C）。计数器由设定值寄存器、当前值寄存器和计数器触点组成。根据计数器的特点，其可分为以下几种类型，如表 4-2-2 所示。

表 4-2-2　计数器

类型	计数范围	计数器编号
加计数器	0～32767	通用型 C0～C99（100 点）
		电池后备 C100～C199（100 点）
32 位加/减计数器	0～2147483647	通用型 C200～C219（20 点）
		电池后备 C220～C234（15 点）
高速计数器		电池后备 C235～C255（21 点）

　　计数器可通过常数 K 直接设定或由指定数据寄存器的元件间接设定，32 位加/减计数器 C200～C234 的加、减计数方向由特殊辅助继电器 M8200～M8234 设定，当对应的特殊辅助继电器接通时为减计数，断开时为加计数。

　　注意：当计数信号的动作频率较高时 [通常为几个扫描周期（单位：s）]，应采用高速计数器。

⚡ 任务实施 ◼

　　本工作任务以机电一体化设备 YL-235A 为载体进行实施，以 PLC 控制为主，以触摸屏控制为辅，具体操作步骤如下。

第 1 步　按控制要求分配 I/O 地址，绘制电气控制原理图。

该工作任务是通过触摸屏上的组态按钮来控制变频器的运行，所以不需要外部的按钮作为输入信号，对于 PLC 控制器只用到它的输出，通过触摸屏与 PLC 控制器的通信，用 PLC 内部的中间继电器实现对外部设备的控制。

01　根据控制要求，确定 I/O 地址分配，如表 4-2-3 所示。

表 4-2-3　PLC 的 I/O 分配表

输入地址			输出地址		
序号	名称	输入点编号	序号	名称	输出点编号
1	SB1 按钮	X0	1	STF 正转	Y20
2	SB2 按钮	X1	2	STR 反转	Y21
			3	RH	Y22
			4	RM	Y23
			5	RL	Y24

02　绘制电气控制原理图，如图 4-2-4 所示。

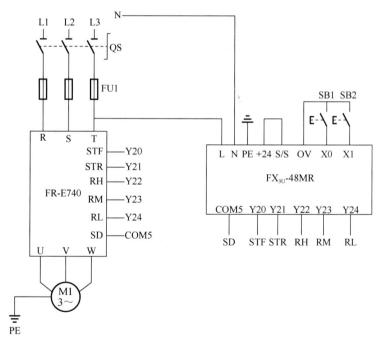

图 4-2-4　PLC 控制带输送机运行的电气原理图

第 2 步　编写相关实例程序。

根据控制要求及表 4-2-3 的 I/O 地址分配，编写实例程序（图 4-2-5），将程序下载到 PLC 控制器中。

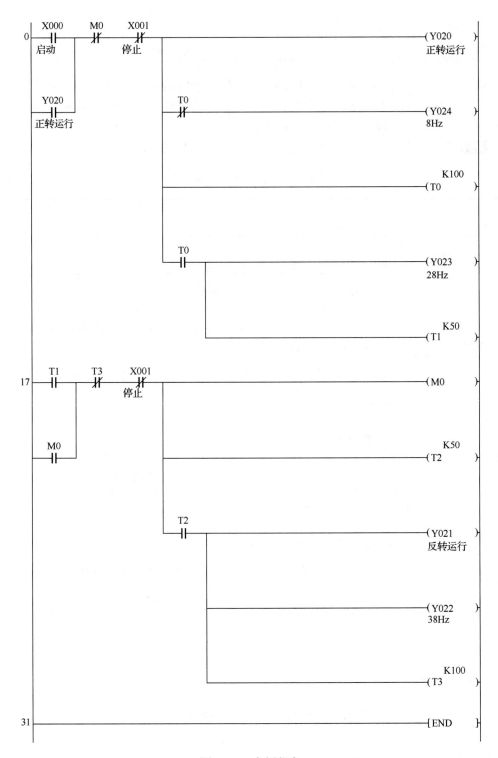

图 4-2-5　实例程序

第3步　根据控制要求进行变频器的参数设置，如表4-2-4所示。

表 4-2-4　变频器设置参数表

序号	参数代号	参数值	说明
1	Pr.4	38Hz	高速
2	Pr.5	28Hz	中速
3	Pr.6	8Hz	低速
4	Pr.7	1s	加速时间
5	Pr.8	2s	减速时间
6	Pr.79	2	电动机控制模式（外部操作模式）

第4步　根据要求进行通信连接测试，调试设备达到控制要求。

PLC 与变频器的连接如图 4-1-7 所示。

第5步　运行。

在确认参数设置及连接没有错误、通电正常的情况下，就可以通过按钮模块的按钮来控制变频器的多段速正反转运行了。

任务评价

完成任务后，填写任务评价表（表4-2-5）。

表 4-2-5　任务评价表

评分内容	配分	评分标准	扣分	得分
变频器的使用	40 分	变频器接线正确得分，不正确不得分（20 分）		
		参数设置是否达到要求，不符合要求每处扣 2 分，最多扣 20 分		
I/O 地址表绘制	15 分	输入地址表绘制不正确每处扣 1 分，最多扣 5 分		
		输出地址表绘制不正确每处扣 2 分，最多扣 10 分		
PLC 外部接线图绘制	15 分	主电路绘制不正确每处扣 1 分，最多扣 5 分		
		PLC 接线图 I/O 绘制不正确每处扣 2 分，最多扣 10 分		
功能调试	30 分	控制速度不正确每处扣 5 分，最多扣 10 分		
		PLC 功能实现不正确每处扣 3 分，最多扣 15 分		
		安全文明生产，没有违反操作规程，工作服穿戴整齐，工位清洁不扣分，如有不符合要求的地方视情况扣分，最多扣 5 分		

总结与反思：

思考与练习

1. 使用 PLC 控制变频器实现带输送机正反转及多段调速，要求按下启动按钮后，带输送机能以 10Hz 正转运行 10s，然后以 20Hz 运行 5s，再停止 5s，自动切换反转 30Hz 运行，运行时间 10s 后停止。

2．变频器参数设置时候易出现什么问题？请简述其原因并说明解决的方法。

3．设备通电前一般需做哪些检测？出现故障如何解决？

4．思考如何实现变频器 7 段速的控制？

任务 4.3 工件分拣程序的设计与调试

任务描述

某生产线生产金属圆柱元件和塑料圆柱元件两种元件，该生产线分拣设备的任务是将金属元件、白色塑料元件和黑色塑料元件进行加工、分拣。

视频：物料分拣

某生产线分拣设备各部分的名称如图 4-3-1 所示；气动机械手各部分的名称如图 4-3-2 所示。图 4-3-1 中的传感器应根据生产任务的要求选择它们的类型和调整其参数。

根据零件加工和分拣设备的工作要求，完成下列工作任务：

1）根据下列控制要求，画出某生产线分拣设备的电气控制原理图。

2）按照电气控制原理图连接好电路。

3）按照气动系统图（参见图 2-3-1）连接气路。

4）根据控制要求编写 PLC 程序，设置变频器参数。

5）调试设备的 PLC 程序以达到工件控制过程要求。

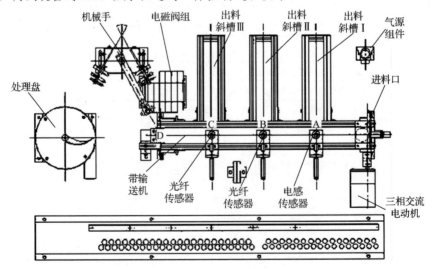

图 4-3-1　某生产线分拣设备各部分的名称

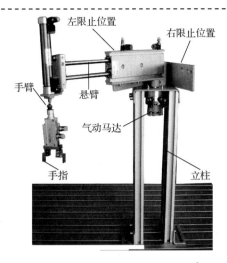

图 4-3-2　气动机械手各部分的名称

相关知识

4.3.1　部件的初始位置

启动前，设备的运动部件必须在规定的位置，这些位置称为初始位置。有关部件的初始位置如下。

1）机械手的悬臂靠在右限止位置，手臂气缸的活塞杆缩回，手指松开。

2）位置 A、B、C（图 4-3-1）的气缸活塞杆缩回。

3）处理盘、带输送机的拖动电动机不转动。

初次上电（设备前次断电前处于非运行状态）时，若上述部件在初始位置，指示灯 HL1 常亮，表示系统准备好，等待设备启动。若上述部件不在初始位置，HL1 以亮 2s 灭 1s 方式闪亮，系统应自动执行复位操作进行复位，其操作步骤请自行确定。

4.3.2　设备的正常工作

1．启动

按下启动按钮，设备启动。指示灯 HL2 常亮。

2．工作

当元件从进料口放到带输送机时，带输送机按由位置 A 向位置 C 的方向运行。此时，拖动带输送机的三相交流电动机的运行频率为 28Hz。

传送带在将工件送达位置 A 之前，禁止下料指示灯 HL3 以 2 次/s 方式闪亮，提示不能下料。当工件到达位置 A 时，禁止下料指示灯 HL3 熄灭，此时可以继续下料，再次下料的工件到达位置 A 之前，禁止下料指示灯 HL3 又以 2 次/s 方式闪亮，提示不能下料，之后依此类推。

放到传送带上的金属工件由位置 A 气缸推入斜槽Ⅰ，白色塑料工件由位置 B 气缸推入斜槽Ⅱ，黑色塑料工件由位置 C 气缸推入斜槽Ⅲ；工件被推入斜槽时传送带无须停止。

3．停止

当设备完成不少于 3 个金属工件的分拣时自动停止，HL2 熄灭。手工清理传送带上的工件和出料斜槽中的工件后，按下启动按钮，系统重新启动。

任务实施

第 1 步 确定 I/O 点数。

01 确定输入点数。根据控制要求，共需要 18 个传感器检测信号，还需要启动、停止 2 个开关信号，所以一共有 20 个输入信号，即输入点数为 20。

02 确定输出点数。根据控制要求，带输送机需要 1 个正转运行控制信号，变频器需要 2 个控制信号，电磁阀控制信号 11 个，指示灯 HL1、HL2、HL3，所以共需 17 个输出端子，即输出点数为 17。

第 2 步 列出 PLC 的 I/O 地址分配表。

根据 I/O 点数和输出量的工作电压、工作电流要求分配 I/O 地址，如表 4-3-1 和表 4-3-2 所示。

表 4-3-1　PLC 输入地址分配表

序号	输入地址	说明	序号	输入地址	说明
1	X0	启动	11	X12	推料一气缸前限位
2	X1	停止	12	X13	推料一气缸后限位
3	X2	物料检测（光电）	13	X14	推料二气缸前限位
4	X3	旋转左限位	14	X15	推料二气缸后限位
5	X4	旋转右限位	15	X16	推料三气缸前限位
6	X5	伸出臂前点	16	X17	推料三气缸后限位
7	X6	缩回臂后点	17	X20	传送带物料检测传感器
8	X7	手爪夹紧传感器	18	X21	电感式传感器
9	X10	提升气缸上限位	19	X22	光纤传感器
10	X11	提升气缸下限位	20	X23	光纤传感器

表 4-3-2　PLC 输出地址分配表

序号	输出地址	说明	序号	输出地址	说明
1	Y0	送料电动机	10	Y12	推料一气缸伸出
2	Y1	机械手爪放松	11	Y13	推料三气缸伸出
3	Y2	机械手爪夹紧	12	Y14	推料二气缸伸出
4	Y3	旋转气缸正转	13	Y15	HL1
5	Y4	旋转气缸反转	14	Y16	HL2
6	Y5	悬臂气缸伸出	15	Y17	HL3
7	Y6	悬臂气缸返回	16	Y20	接变频器正转
8	Y10	提升气缸下降	17	Y23	接变频器 RH
9	Y11	提升气缸上升			

第 3 步 绘制电气控制原理图。

根据控制要求和列出的 I/O 地址分配表，绘制电气控制原理图（参考电路如图 4-3-3 所示）。

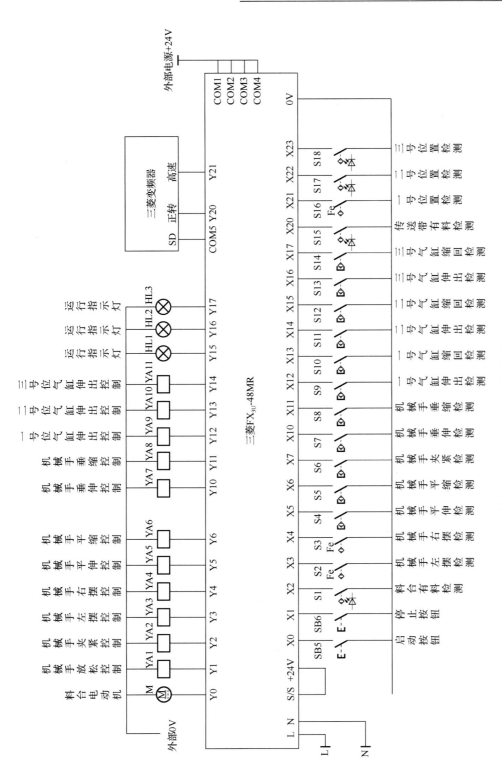

图 4-3-3　电气控制原理图

第 4 步 安装各机械部件，根据气动系统图连接气路。

具体安装方法和步骤这里不再详述。

第 5 步 设置变频器参数。

01 列出要设置的变频器参数表。

因为带输送机能以 28Hz 速度正转运行，所以需要设定的变频器参数及相应的参数值如表 4-3-3 所示。

表 4-3-3 需要设置的变频器参数

序号	参数代号	参数值	说明
1	Pr.4	28Hz	高速
2	Pr.79	2	电动机控制模式（外部操作模式）

02 设置变频器参数。

先将变频器模块上的各控制开关置于断开位置，接通变频器电源，将变频器参数恢复为出厂设置，再依次设置表 4-3-3 所列出的参数，最后恢复到频率监视模式，操作各控制开关，检查各参数设置是否正确。

第 6 步 根据控制要求编写 PLC 自动控制程序。

在编写 PLC 程序前，先要分析工作过程要求，理清编程思路，然后编写程序。本工作任务可以参考图 4-3-4 来编写 PLC 程序。

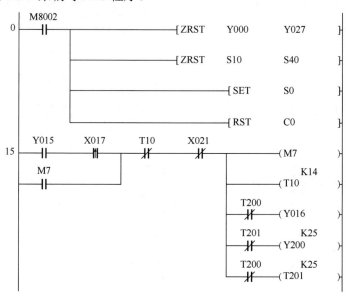

（a）梯形图程序部分

图 4-3-4 参考程序

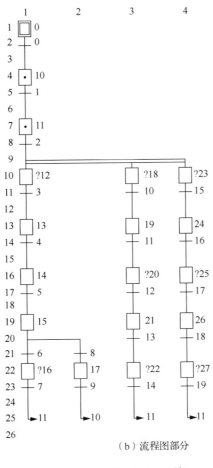

（b）流程图部分

图 4-3-4　（续）

第 7 步　运行。

在确认参数设置及连接没有错误、通电正常的情况下，就可以通过按钮模块的按钮来控制变频器的多段速正反转运行了。

任务评价

完成任务后，填写任务评价表（表 4-3-4）。

表 4-3-4　任务评价表

评分内容	配分	评分标准	扣分	得分
变频器的使用	40 分	变频器接线正确得分，不正确不得分（20 分）		
		参数设置是否达到要求，不符合要求每处扣 2 分，最多扣 20 分		
I/O 地址表绘制	15 分	输入地址表绘制不正确每处扣 1 分，最多扣 5 分		
		输出地址表绘制不正确每处扣 2 分，最多扣 10 分		
PLC 外部接线图绘制	15 分	主电路绘制不正确每处扣 1 分，最多扣 5 分		
		PLC 接线图输入输出绘制不正确每处扣 2 分，最多扣 10 分		

评分内容	配分	评分标准	扣分	得分
功能调试	30分	控制速度不正确每处扣5分，最多扣10分		
		PLC功能实现不正确每处扣3分，最多扣15分		
		安全文明生产，没有违反操作规程，工作服穿戴整齐，工位清洁不扣分，如有不符合要求的地方视情况扣分，最多扣5分		

总结与反思：

思考与练习

1. 使用 PLC 控制变频器，实现多段速外部接线图的绘制，根据接线图完成接线，并简述接线中的注意事项及问题。

2. PLC 接线与变频器接线时候易出现什么问题？请简述其原因并说明解决的方法。

3. PLC 编程中定时器会出现什么问题？请简述其原因并说明解决的方法。

4. 思考如何实现变频器 15 段速的控制。

5 项目

触摸屏的应用

>>>>

◎ **项目导读**

　　触摸屏作为一种新型的人机界面，一出现就受到人们的广泛关注。其简单易用，具有强大的功能及优异的稳定性，非常适合应用于工业环境与日常生活，如自动化停车设备、自动洗车机、天车升降控制、生产线监控等，甚至可以用于智能大厦管理、会议室声光控制、温度调整等。本项目介绍触摸屏的知识与操作技能。

◎ **学习目标**

- ● 了解机电一体化设备 YL-235A 中触摸屏的组成及使用方法。
- ● 能够根据要求进行触摸屏与 PLC 的通信连接测试，并使之达到控制要求。

◎ **思政目标**

- ● 树立正确的学习观、价值观，自觉践行行业道德规范。
- ● 牢固树立质量第一、信誉第一的强烈意识。
- ● 遵规守纪，安全生产，爱护设备，钻研技术。
- ● 发扬一丝不苟、精益求精的"工匠精神"。

任务 5.1　触摸屏的认识与使用

任务描述

某煤矿运送煤炭的带输送机需要通过触摸屏上的点动按钮随时改变电动机的运行方向，并以 25Hz 频率运行，按要求完成下列任务：

1）按控制要求分配 I/O 地址，绘制电气控制原理图。

2）根据控制要求编写 PLC 程序。

3）根据要求创建组态工程。

4）按任务要求设置变频器参数。

5）根据要求进行通信连接测试，调试设备并达到控制要求。

相关知识

触摸屏是一种最直观的操作设备，只要用手指触摸屏幕上的图形对象，计算机便会执行相应的操作，使人和机器间的交流变得简单、直接。用户可以自由组合文字、按钮、图形、数字等来处理或监控管理随时可能变化信息的多功能显示屏幕。另外，使用触摸屏可以使机器的配线标准化、简单化，也可以减少 PLC 控制器所需的 I/O 点数，降低生产成本，同时由于面板控制的小型化及高性能，相对提高了整套设备的附加价值。

5.1.1　触摸屏的认识

1．触摸屏的组成

触摸屏一般由触摸屏控制器（卡）和触摸检测装置两部分组成。

触摸屏信号的获取方法为当用手指触摸显示器上的触摸屏时，触摸屏控制器检测所触摸的位置，并通过接口装置送到控制触摸屏的 CPU，从而确定输入的信息。

2．触摸屏的分类

从技术原理上区分，触摸屏可以分为红外触摸屏、表面声波触摸屏、电阻式触摸屏和电容式触摸屏 4 种基本类型。

（1）红外触摸屏

红外触摸屏由安装在触摸屏外框上的红外发射器件和接收器件构成。发射器件在屏幕表面形成红外检测网，任何物体都可以通过改变触点的红外线而实现触摸的检测。红外触摸屏不受电流、电压和静电干扰，适合条件恶劣的工作环境，价格低，安装方便，响应速度快，大型设备上应用较多。

（2）表面声波触摸屏

表面声波是沿介质表面传播的机械波。此类触摸屏由触摸屏、声波发生器、反射器和声波接收器组成。其中，声波发生器产生一种高频声波跨越屏幕表面，在手指触摸时，触点上的声波被阻止，声波接收器由此确定坐标位置。表面声波触摸屏不受温度、湿度等环境因素的影响，分辨率极高，有极好的防刮性，使用寿命长，透光率好，没有漂移；缺点是怕水和油污，需要及时维护保养。

（3）电阻式触摸屏

电阻式触摸屏是一块与显示屏表面匹配的多层复合薄膜。该结构以一层玻璃作为基层，表面涂一层透明的导电层（ITO，氧化铟），上层再覆盖一层防刮的塑料层，它的内表面也涂有一层 ITO。四线电阻式触摸屏和八线电阻式触摸屏由两层具有相同表面电阻的透明阻性材料组成，五线电阻式触摸屏和七线电阻式触摸屏由一个阻性层和一个导电层组成，通常在两层导电层之间有许多细小（小于千分之一英寸）的透明隔离点把它们分隔开。当触摸屏表面受到的压力（如通过笔尖或手指进行按压）足够大时，顶层与底层之间会产生接触。所有的电阻式触摸屏都采用分压器原理来产生代表 X 坐标和 Y 坐标的电压。

为了在电阻式触摸屏的特定方向上测量一个坐标，需要对一个阻性层进行偏置：将它的一边接 V_{REF}，另一边接地。同时，将未偏置的那一层连接到一个模数转换器的高阻抗输入端。当触摸屏上的压力足够大，使两层之间发生接触时，电阻性表面被分隔为两个电阻。它们的阻值与触摸点到偏置边缘的距离成正比。触摸点与接地边之间的电阻相当于分压器中下面的那个电阻。因此，在未偏置层上测得的电压与触摸点到接地边之间的距离成正比。电阻式触摸屏的优点是它的屏和控制系统价格都比较低，反应灵敏度也很好，而且无论是四线电阻式触摸屏还是五线电阻式触摸屏，它们都处于一种对外界完全隔离的工作环境，不怕灰尘和水汽，能适应各种恶劣的环境。它可以用任何物体来触摸，稳定性能较好。其缺点是外层薄膜容易被划伤导致触摸屏不可用，多层结构会导致很大的光损失，对于手持设备通常需要加大背光源来弥补透光性差的问题，电池的消耗量也较大。

（4）电容式触摸屏

电容式触摸屏的结构主要是在屏幕上镀上一层透明的导电层（ITO），再在外层覆盖一块保护玻璃，双玻璃结构能更有效地保护导体层及感应器。

按工作原理的不同，电容式触摸屏可大致分为表面电容式触摸屏和投射电容式触摸屏。

3．触摸屏的应用

触摸屏在日常生活中随处可见，如手机、收款机、广告机、点歌台等均属于此类产品，如图 5-1-1 所示。

（a）品牌触摸屏 1

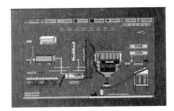
（b）品牌触摸屏 2

图 5-1-1　触摸屏的应用

（c）广告机

（d）点歌台

（e）手机

（f）收款机

图 5-1-1　（续）

4．认知 TPC7062KS 触摸屏

机电一体化设备 YL-235A 中采用了北京昆仑通态自动化软件科技有限公司研发的人机界面 TPC7062KS，是一款在实时多任务嵌入式操作系统 Windows CE 环境中运行，MCGS 嵌入式组态软件组态的产品。

该产品设计采用了 7 英寸（1 英寸≈2.54cm）高亮度 TFT 液晶显示屏（分辨率 800×480px），四线电阻式触摸屏（分辨率 4096×4096px），色彩达 64K 彩色。

CPU 主板为 ARM 结构嵌入式低功耗，主频 400MHz，存储空间 64MB。

5.1.2　触摸屏软件的安装

MCGS 嵌入版只有一张安装光盘，具体安装步骤如下。

01 启动计算机，在相应的驱动器中插入光盘。自动弹出 MCGS 组态软件安装界面（如没有窗口弹出，从 Windows 的"开始"菜单中选择"运行"命令，运行光盘中的 Autorun. exe 文件），如图 5-1-2 所示。

图 5-1-2　安装界面 1

02 选择"安装 MCGS 组态软件嵌入版"选项，启动安装程序，如图 5-1-3 所示。

图 5-1-3　安装界面 2

03 弹出"欢迎"对话框，如图 5-1-4 所示。

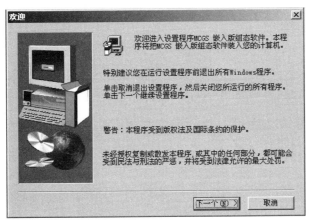

图 5-1-4　"欢迎"对话框

04 单击"下一个"按钮，安装程序将提示用户指定安装的目录，如果用户没有指定，则系统默认安装到 D:\MCGSE 目录下，建议使用默认安装目录，如图 5-1-5 所示。

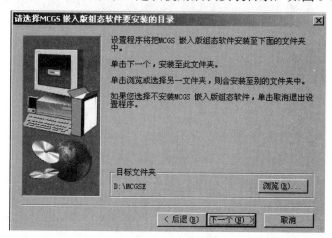

图 5-1-5　选择安装目录

05 单击"下一个"按钮，根据提示进行安装。安装过程将持续数分钟。安装过程完成后，系统将弹出"设置完成"对话框，其中有两种选择，即重新启动计算机和稍后重新启动计算机，建议重新启动计算机后再运行组态软件。单击"结束"按钮结束安装，如图 5-1-6 所示。

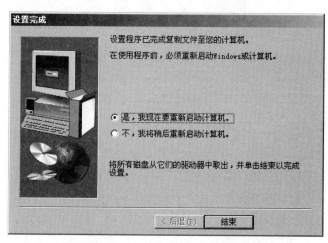

图 5-1-6　"设置完成"对话框

06 计算机重新启动后，Windows 系统桌面上增加了图 5-1-7 所示的两个图标。它们可分别用于启动 MCGSE 组态环境和模拟环境。

图 5-1-7　快捷方式图标

注意：Windows 在"开始"菜单中也添加了相应的 MCGS 嵌入版组态软件程序组，此程序组包括 MCGSE 组态环境、MCGSE 模拟环境、MCGSE 自述文件、MCGSE 电子文档及卸载 MCGS 嵌入版 5 项内容，如图 5-1-8 所示。MCGSE 组态环境是嵌入版的组态环境；MCGSE 模拟环境是嵌入版的模拟运行环境；MCGSE 自述文件描述了软件发行时的最后信息；MCGSE 电子文档包含有关 MCGS 嵌入版最新的帮助信息卸载 MCGS 嵌入版用于卸载程序。

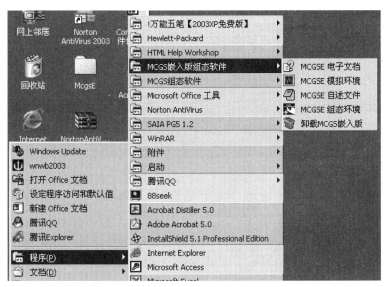

图 5-1-8　添加了新程序的"开始"菜单

系统安装完成以后，在用户指定的目录下（或默认目录 D:\MCGSE）存在 3 个子文件夹：Program、Samples、Work。在 Program 子文件夹中可以看到以下应用程序：McgsSetE.exe、CEEMU.exe、MCGSCE.X86 和 MCGSCE.ARMV4。McgsSetE.exe 是运行嵌入版组态环境的应用程序；CEEMU.exe 是运行模拟运行环境的应用程序；MCGSCE.X86 和 MCGSCE.ARMV4 是嵌入版运行环境的执行程序，分别对应 X86 类型的 CPU 和 ARM 类型的 CPU，通过组态环境中的下载对话框的高级功能下载到下位机中运行，是下位机中实际运行环境的应用程序。

5.1.3　触摸屏与 PLC 的通信

1．TPC7062KS 触摸屏的硬件连接

TPC7062KS 触摸屏的电源进线、各种通信接口均设置在其背面，如图 5-1-9 所示。其中，USB1 用来连接鼠标和闪存盘等，USB2 用于工程项目下载，COM（RS-232）用来连接 PLC。图 5-1-10 所示为下载线和通信线。

1—USB1；2—USB2；3—电源；4—COM。

图 5-1-9　TPC7062KS 的接口

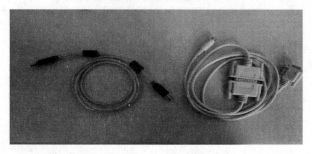

图 5-1-10　下载线和通信线

2．TPC7062KS 触摸屏与个人计算机的连接

在机电一体化设备 YL-235A 上，TPC7062KS 触摸屏是通过 USB2 口与个人计算机连接的。连接之前，应先在个人计算机上安装 MCGS 组态软件。

当需要在 MCGS 组态软件上将资料下载到 TPC7062KS 时，选择"工具"→"下载配置"命令，弹出"下载配置"对话框，先单击"连机运行"按钮，然后单击"工程下载"按钮即可进行下载，如图 5-1-11 所示。如果要对该工程项目要进行测试，则单击"模拟运行"按钮，然后下载工程。

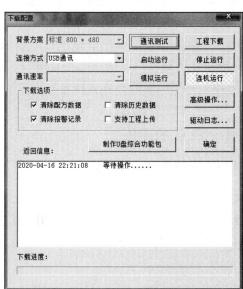

图 5-1-11　工程下载方法

任务实施

本工作任务以机电一体化设备 YL-235A 为载体进行实施，以 PLC 控制为主，触摸屏控制为辅，具体操作步骤如下。

第 1 步　按控制要求分配 I/O 地址，绘制电气控制原理图。

该工作任务是通过触摸屏上的组态按钮来控制变频器的运行，所以不需要外部的按钮作为输入信号，对于 PLC 控制器只用到它的输出，通过触摸屏与 PLC 控制器的通信，用 PLC 内部的中间继电器实现对外部设备的控制。

01　根据控制要求，确定 I/O 地址分配，如表 5-1-1 所示。

表 5-1-1　PLC 的 I/O 分配表

输入地址			输出地址		
序号	名称	输入点编号	序号	名称	输出点编号
1	正转启动按钮	M0	1	STF 正转	Y0
2	反转启动按钮	M1	2	STR 反转	Y1
3	速度按钮	M2	3	RL（25Hz）	Y2

02　绘制电气控制原理图，如图 5-1-12 所示。

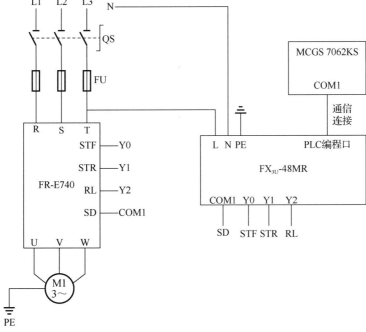

图 5-1-12　触摸屏控制带输送机运行的电气控制原理图

第 2 步　编写相关实例程序。

根据控制要求及表 5-1-1 所示的 I/O 地址分配，编写示例程序（图 5-1-13），并将程序下载到 PLC 控制器中。

```
0  M0                                          [SET  Y000 ]
   ┤├                                                正转
   正转启动
   按钮
                                               [RST  Y001 ]
                                                      反转

3  M1                                          [SET  Y001 ]
   ┤├                                                反转
   反转启动
   按钮
                                               [RST  Y000 ]
                                                      正转

6  M2                                          (Y002 )
   ┤├                                          RL 25Hz
   速度按钮
```

图 5-1-13 实例程序

第 3 步 进行组态画面工程的创建。

TPC7062KS 触摸屏与 FX₃U-48MR PLC 的连接：在机电一体化设备 YL-235A 中，触摸屏通过 COM 口直接与 PLC 的编程口连接，使用的通信线采用 RS-232。SC-09 数据线 9 针母头插在屏侧，编程头插在 PLC 侧。带输送机界面效果如图 5-1-14 所示。

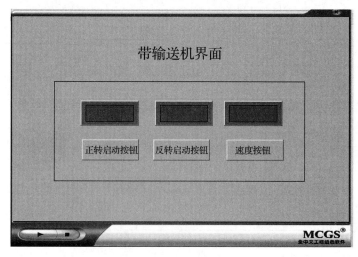

图 5-1-14 带输送机界面效果

为了能够使触摸屏和 PLC 通信连接，应进行以下参数设置，具体操作步骤如下。

01　双击"设备窗口"图标进入设备窗口。

02　单击工具条中的"工具箱"图标，打开"设备工具箱"。

03　在可选设备列表中，双击"通用串口父设备"选项，然后双击"三菱_FX 系列编程口"选项显示"通用串口父设备""三菱_FX 系列编程口"，如图 5-1-15 所示。

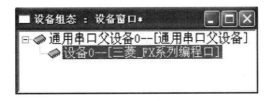

图 5-1-15　"设备组态：设备窗口"窗口设置效果

04　双击"通用串口父设备"选项，进入通用串口父设备的基本属性设置，如图 5-1-16 所示，可做如下设置：

1）串口端口号（1～255）设置为 0-COM1。

2）通讯波特率设置为 6-9600。

3）数据校验方式设置为 2-偶校验。

4）其他设置保持默认。

图 5-1-16　通用串口父设备属性设置

05　双击"三菱_FX 系列编程口"选项，进入"设备编辑窗口"窗口，如图 5-1-17 所示。左边窗口下方的 CPU 类型选择"2-FX3UCPU"。右窗口默认自动生产通道名称 X0000～X0007，可以单击"删除全部通道"按钮，再单击"确认"按钮，完成通信设置。

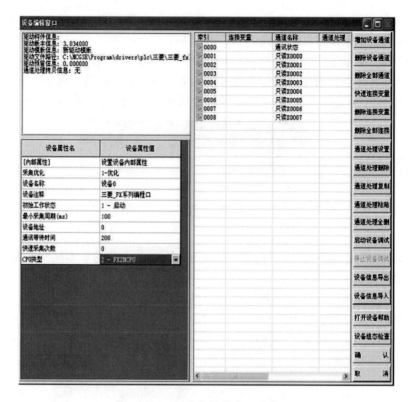

图 5-1-17　"设备编辑窗口"窗口

06 变量的连接，以"正转启动按钮"变量进行连接为例。

1）单击"添加设备通道"按钮，弹出图 5-1-18 所示的对话框。参数设置如下。

① 通道类型：M 寄存器。

② 数据类型：通道的第 00 位。

③ 通道地址：0。

④ 通道个数：3。

⑤ 读写方式：只写。

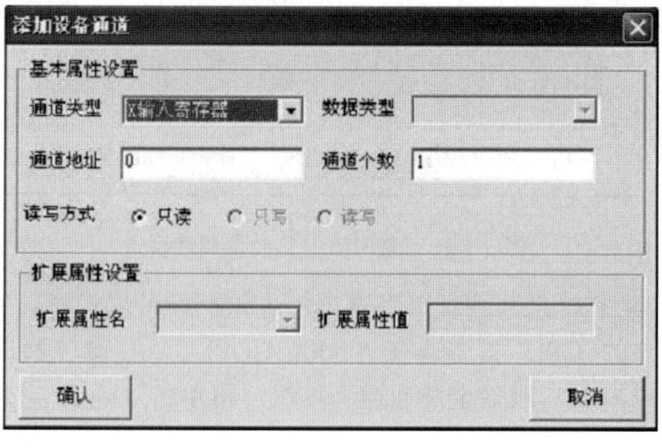

图 5-1-18　"添加设备通道"对话框

2）单击"确认"按钮，完成基本属性设置。

3）再次单击"添加设备通道"按钮，弹出图 5-1-18 所示对话框。参数设置如下。

① 通道类型：Y 寄存器。

② 数据类型：通道的第 00 位。

③ 通道地址：0。

④ 通道个数：3。

⑤ 读写方式：只读。

4）单击"确认"按钮，完成基本属性设置。

5）双击"只写 M0000"通道对应的连接变量，从数据中心选择变量"正转启动按钮"。

用同样的方法，添加其他通道，连接变量，如图 5-1-19 所示，完成后单击"确认"按钮。

索引	连接变量	通道名称	通道处理
0000		通讯状态	
0001	正转	只读Y0000	
0002	反转	只读Y0001	
0003	速度25Hz	只读Y0002	
0004	正转启动按钮	只写M0000	
0005	反转启动按钮	只写M0001	
0006	速度按钮	只写M0002	

图 5-1-19　"连接变量"界面

第 4 步　将创建的工程通过 USB 下载线下载到触摸屏中。

当需要把工程下载到触摸屏时，只要在"下载配置"对话框中，单击"连机运行"按钮，再单击"工程下载"按钮即可。

第 5 步　根据控制要求进行变频器的参数设置。

变频器的参数设置如表 5-1-2 所示。

表 5-1-2　变频器的参数设置

序号	参数代号	参数值	说明
1	Pr.6	25Hz	低速
2	Pr.7	2s	加速时间
3	Pr.8	1s	减速时间
4	Pr.79	2	电动机控制模式（外部操作模式）

第 6 步　根据要求进行通信连接测试，调试设备达到控制要求。

01　用触摸屏 TCP7062KS 与三菱 PLC FX$_{3U}$ 的通信线将屏与 PLC 连接，如图 5-1-20 所示。

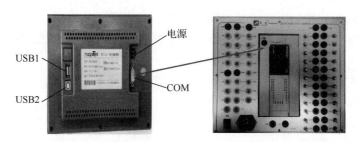

图 5-1-20 触摸屏与 PLC 连接

02 参照图 5-1-21 将 PLC 与变频器连接。

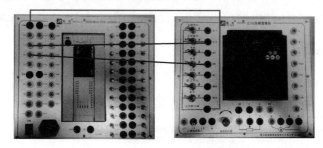

图 5-1-21 PLC 与变频器的连接

第 7 步 运行。

在确认参数设置及连接没有错误、通电和通信正常的情况下，就可以通过触摸屏上的按钮来控制变频器的正反转及 25Hz 速度运行了。

任务评价

完成任务后，填写任务评价表（表 5-1-3）。

表 5-1-3 任务评价表

评分内容	配分	评分标准	扣分	得分
触摸屏的应用	40 分	触摸屏通信正常得分，不正常不得分（20 分）		
		触摸屏的按钮、指示灯是否达到要求，不符合要求每处扣 2 分，最多扣 20 分		
I/O 地址表绘制	15 分	输入地址表绘制不正确每处扣 1 分，最多扣 5 分		
		输出地址表绘制不正确每处扣 2 分，最多扣 10 分		
PLC 外部接线图绘制	15 分	主电路绘制不正确每处扣 1 分，最多扣 5 分		
		PLC 接线图输入输出绘制不正确每处扣 2 分，最多扣 10 分		
功能调试	30 分	触摸屏显示不正确每处扣 2 分，最多扣 10 分		
		PLC 功能实现不正确每处扣 3 分，最多扣 15 分		
		安全文明生产，没有违反操作规程，工作服穿戴整齐，工位清洁不扣分，如有不符合要求的地方视情况扣分，最多扣 5 分		

总结与反思：

━━━━━━━━━━━ **思考与练习** ━━━━━━━━━━━

1. 完成通过触摸屏、PLC 控制变频器实现带输送机正、反转及多段调速，要求按下启动按钮后，带输送机能以正转（10Hz）运行 10s，然后以 20Hz 运行 5s，再停止 5s，自动切换反转（30Hz）运行，运行时间 10s 后停止，并在触摸屏上显示运行状态。

2. 触摸屏与计算机通信的时候易出现问题，请简述其原因并说明解决的方法。

3. 设备通电前一般需做哪些检测？出现故障如何解决？

4. 简述在编写 PLC 程序过程中一般会出现什么问题。

任务 5.2 用触摸屏控制设备运行与监控

任务描述

某自动化生产线上运送物料的带输送机需要通过触摸屏对不同物料的数量进行远程启动、停止并监控物料数量。设备启动后，带输送机以 15Hz 的频率正转启动，由带输送机上的物料检测传感器（电感式传感器、光纤传感器）的检测信号来对金属物料和黑色物料进行计数。触摸屏通过监控 PLC 控制程序中数据寄存器 D 的变换实现对数据的显示。按要求完成下列任务：

1）按控制要求分配 I/O 地址，绘制电气控制原理图。

2）根据控制要求编写 PLC 程序。

3）根据要求创建组态工程。

4）按任务要求设置变频器参数。

5）根据要求进行通信连接测试，调试设备并达到控制要求。

任务实施

本工作任务以机电一体化设备 YL-235A 为载体进行实施，以 PLC 控制为主，触摸屏控制为辅，具体操作步骤如下。

第 1 步 按控制要求分配 I/O 地址，绘制电气控制原理图。

该工作任务是通过触摸屏上的组态按钮来控制变频器的运行，所以不需要外部的按钮作为输入信号，对于 PLC 控制器只用到它的输出，通过触摸屏与 PLC 控制器的通信，用 PLC 内部的中间继电器实现对外部设备的控制，利用 PLC 控制程序中的数据寄存器 D 实现对数据在触摸屏上的显示。

01 根据控制要求，确定 I/O 地址分配，如表 5-2-1 所示。

表 5-2-1 PLC 的 I/O 分配表

输入地址			输出地址		
序号	名称	输入点编号	序号	名称	输出点编号
1	正转启动按钮	M0	1	STF 正转	Y0
2	停止按钮	M1	2	RL（15Hz）	Y1
3	电感式传感器(金属)	X21	数据寄存器		
4	光纤传感器（黑色）	X22	1	金属个数	D0
			2	黑色个数	D1

02 绘制电气控制原理图，如图 5-2-1 所示。

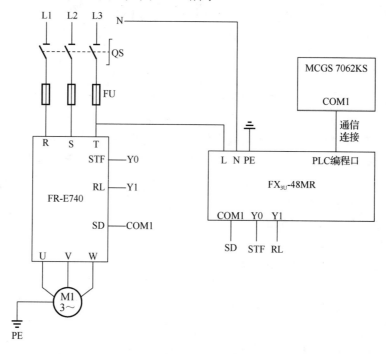

图 5-2-1 触摸屏控制带输送机运行的电气原理图

第 2 步 编写相关实例程序。

根据控制要求及表 5-2-1 的 I/O 地址分配，编写实例程序（图 5-2-2），并将程序下载到 PLC 控制器中。

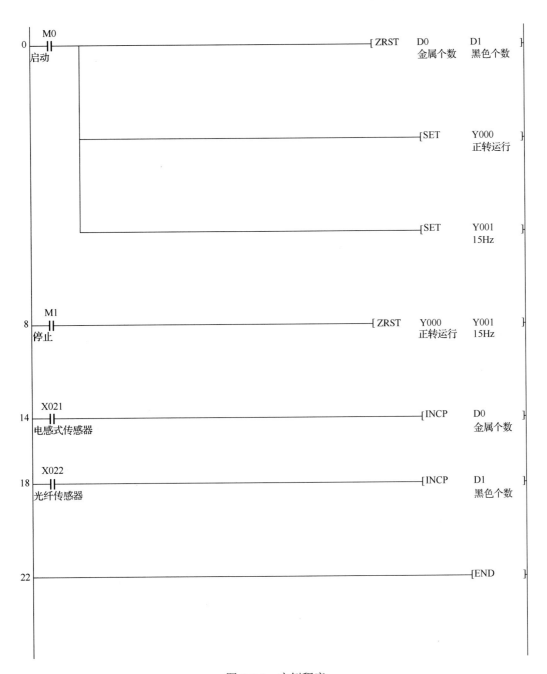

图 5-2-2　实例程序

第 3 步　进行组态画面工程的创建。

自动化生产线运送物料界面效果如图 5-2-3 所示。

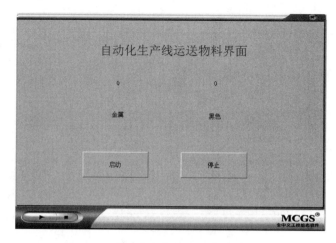

图 5-2-3　自动化生产线运送物料界面效果

组态画面工程具体操作步骤如下。

01 创建一个新的工程，参考任务 5.1。

02 建立 PLC 与触摸屏之间的连接，参考任务 5.1。

03 进行通用串口父设备的基本属性设置及变量连接，参考任务 5.1。

04 创建组态画面，参考任务 5.1。

05 创建开关元件"启动""停止"，参考任务 5.1。

06 创建一个数字显示元件，并确定数字显示元件的基本属性。数据显示以金属料累计数据显示为例。

1）选中"工具箱"中的 **A** 图标，拖动鼠标绘制一个显示框。

2）双击显示框，弹出"标签动画组态属性设置"对话框，在"输入输出连接"组中选中"显示输出"复选框，在组态属性设置对话框中会出现"显示输出"选项卡，如图 5-2-4 所示。

图 5-2-4　标签动画组态属性设置 1

3）选择"显示输出"选项卡，设置显示输出属性，如图 5-2-5 所示。

图 5-2-5   标签动画组态属性设置 2

① 表达式：d0。

② 单位：个。

③ 输出值类型：数值量输出。

④ 输出格式：十进制。

⑤ 整数位数：0。

⑥ 小数位数：0。

4）单击"确认"按钮，制作完成。

5）制作文本框。

① 单击工具箱中的 **A** 图标，拖动鼠标绘制一个文本显示框。

② 打开"标签动画组态属性设置"对话框，选择"扩展属性"选项卡，输入文本内容"金属"，单击"确认"按钮，制作完成，如图 5-2-6 所示。

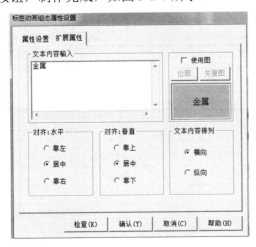

图 5-2-6   标签动画组态属性设置 3

6）触摸屏显示黑色物料的制作方法与金属物料相同，这里不再赘述。

第 4 步 将创建的工程通过 USB 下载线下载到触摸屏中。

下载方法参考任务 5.1 的方法这里不再详述。

第 5 步 根据控制要求进行变频器的参数设置。

变频器的参数设置如表 5-2-2 所示。

表 5-2-2　变频器的参数设置

序号	参数代号	参数值	说明
1	Pr.6	15Hz	低速
2	Pr.7	2s	加速时间
3	Pr.8	1s	减速时间
4	Pr.79	2	电动机控制模式（外部操作模式）

第 6 步 根据要求进行通信连接测试，调试设备达到控制要求。

通信连接参考任务 5.1 的方法。

第 7 步 运行。

在确认参数设置及连接没有错误、通电和通信正常的情况下，就可以通过触摸屏上的启动按钮来控制变频器以 15Hz 的速度正转运行了，同时也能远程监控不同物料的数量。

动画：软硬生产线
实时控制

任务评价

完成任务后，填写任务评价表（表 5-2-3）。

表 5-2-3　任务评价表

评分内容	配分	评分标准	扣分	得分
触摸屏的应用	40 分	触摸屏通信正常得分，不正常不得分（20 分）		
		触摸屏的按钮、物料数量显示是否达到要求，不符合要求每处扣 2 分，最多扣 20 分		
I/O 地址表绘制	15 分	输入地址表绘制不正确每处扣 1 分，最多扣 5 分		
		输出地址表绘制不正确每处扣 2 分，最多扣 10 分		
PLC 外部接线图绘制	15 分	主电路绘制不正确每处扣 1 分，最多扣 5 分		
		PLC 接线图 I/O 绘制不正确每处扣 2 分，最多扣 10 分		
功能调试	30 分	触摸屏显示不正确每处扣 2 分，最多扣 10 分		
		PLC 功能实现不正确每处扣 3 分，最多扣 15 分		
		安全文明生产，没有违反操作规程，工作服穿戴整齐，工位清洁不扣分，如有不符合要求的地方视情况扣分，最多扣 5 分		

总结与反思：

思考与练习

1．仿照工作任务描述，自编触摸屏监控 3 种物料（金属、白色、黑色）数量的工作任务，并完成该工作任务。

2．触摸屏与 PLC 建立通信的时候顺利吗？出现过什么问题？怎么解决的？

3．设备通电前一般需做哪些检测？出现故障如何解决？

4．在编写 PLC 程序过程中，有什么疑问吗？

6 项目

综合组装与调试机电一体化设备

>>>>>

◎ **项目导读**

在机电一体化设备中，启动、停止（简称启停）控制是一个重要的功能，关系到设备运行是否具有很好的安全性、稳定性和可靠性，其控制程序的编写是否合理，方法是否得当，也直接影响机电一体化设备的整体功能。本项目实现机电一体化设备的综合组装与调试。

◎ **学习目标**

● 了解在机电一体化设备 YL-235A 中实现启动\停止功能、报警功能的方法。
● 掌握机电一体化设备 YL-235A 正常运行的条件，并能根据控制要求实现控制功能。

◎ **思政目标**

● 树立正确的学习观、价值观，自觉践行行业道德规范。
● 牢固树立质量第一、信誉第一的强烈意识。
● 遵规守纪，安全生产，爱护设备，钻研技术。
● 发扬一丝不苟、精益求精的"工匠精神"。

组装与调试具有条件启停功能的机电一体化设备

任务描述

某生产线生产金属元件和塑料元件两种元件，该生产线的分拣设备的任务是将金属元件、白色塑料元件和黑色塑料元件进行加工和分拣、组合。

某生产线分拣设备各部分的名称如图6-1-1所示。图6-1-1中的4个传感器应根据生产任务的要求选择它们的类型，调整其参数。

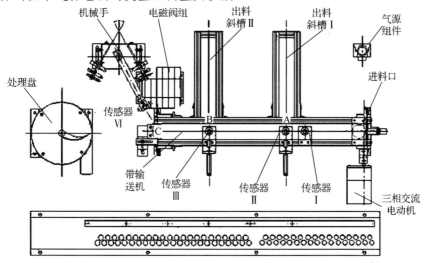

图6-1-1 某生产线分拣设备各部分的名称

1. 系统的上电检测和处理

（1）部件的初始位置

有关部件的初始位置如下：

1）机械手的悬臂靠在右限止位置，手臂气缸的活塞杆缩回，手指松开。

2）位置A、B的气缸活塞杆缩回。

3）处理盘、带输送机的拖动电动机不转动。

初次上电时，若上述部件在初始位置，则绿色警示灯闪亮。否则，绿色警示灯熄灭，红色警示灯闪亮，系统应自动执行复位操作进行复位，其操作步骤请自行确定。

（2）带输送机运行平稳性检测

按照设备部件组装图中的安装要求进行带输送机的运行平稳性检测。若不能通过运行平稳性检测，应关闭电源后重新调整带输送机。

如果检测通过，可按下停止按钮SB6，这时绿色警示灯熄灭，指示灯HL1以亮1s、灭0.5s的方式闪亮，表示系统已经准备好，等待启动。

2. 设备的正常工作

（1）启动

按下启动按钮SB5，设备启动。指示灯HL1长亮。带输送机按由位置A向位置C

的方向运行，拖动带输送机的三相交流电动机的运行频率为 25Hz。

（2）工作

当元件从进料口放到带输送机上时，禁止下料指示灯 HL2 以 2 次/s 方式闪亮，提示不能下料，直到传送带将工件送达 A 位置后，禁止下料指示灯 HL2 熄灭，此时可以继续下料，再次下料的工件到达 A 位置之前，禁止下料指示灯 HL2 又以 2 次/s 方式闪亮，提示不能下料，依此类推。

放到传送带上的金属工件由 A 位置气缸推入斜槽 I，白色塑料工件由 B 位置气缸推入斜槽 II，黑色塑料工件则传送到 C 位置气缸。

黑色塑料工件到达位置 C 时，机械手悬臂伸出→手臂下降→手指合拢抓取元件→手臂上升→悬臂缩回→机械手向左转动→悬臂伸出→手指松开，元件落到处理盘内→机械手悬臂缩回→机械手向右转动返回初始位置。

工件被推入斜槽或传送到 C 位置时传送带无须停止。

（3）停止

当第 3 个黑色塑料工件到达 A 位置时，禁止下料指示灯 HL2 保持以 2 次/s 方式闪亮，提示不能下料，直到机械手把该工件放入处理盘并返回初始位置后自动停止，HL1、HL2 均熄灭。

3s 后，HL1 又以亮 1s、灭 0.5s 的方式闪亮，表示出料斜槽和处理盘中的工件已清理，系统可通过按下 SB5 重新启动。

按要求完成下列任务：

1）按要求完成设备的组装、调试，要求设备各环节安装位置准确，动作平稳、流畅。

2）按控制要求分配 I/O 地址，绘制电气控制原理图。

3）根据控制要求编写 PLC 程序。

4）按任务要求设置变频器参数。

5）根据要求进行通信连接测试，调试设备并达到控制要求。

相关知识

1. 启动功能

首先应该明确这里讲的设备启动不等同于设备上电，也不等同于设备有动作，而是指设备开始完整的工作过程。大多数情况下，启动指的是设备处于半自动或全自动的工作模式下，不包括设备在手动操作、测试、自检等功能下进行的一些动作。

对于启动功能，可以分为无条件启动和有条件启动两种情况来讨论。无条件启动是指无论在什么样的情况下，只要按下启动按钮，设备就进入运行状态。而通常来讲，为了保证机电一体化设备能够可靠地运行，避免出现安全隐患，在运行之前都会进行一些如自检、测试、复位等操作，当设备的状态满足一定启动条件时才能够进行正常运行。有条件启动包含的情况很多，根据设备的具体需要、不同的用途、不同的工作环境等，启动条件、启动方式可能不一样。

对于教学中所使用的机电一体化设备 YL-235A 来讲，可以结合实际工业设备提出各种不同的启动控制要求，举例如下。

（1）按下按钮后延时启动

延时启动程序如图 6-1-2 所示。

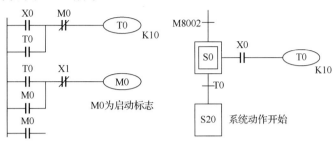

图 6-1-2　延时启动程序

（2）用按钮控制进入系统待机状态（S0）

系统通电后，按下待机控制按钮 SB1（X0），系统就进入待机状态；在各部件都处于复位状态后，绿色指示灯发光，指示可以下料，如图 6-1-3 所示。

（3）受设备原点限制的启动

只有初始位置条件全部满足后，才能启动进入运行状态，如图 6-1-4 所示。

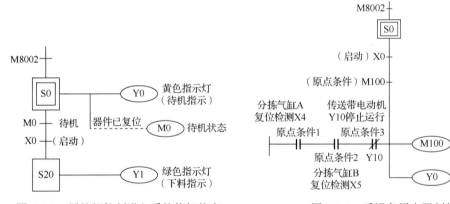

图 6-1-3　用按钮控制进入系统待机状态　　　图 6-1-4　受设备原点限制的启动

2．停止功能

关于设备的停止功能这里讨论立即停止和有条件停止两种情况。立即停止控制方式比较简单，在进行程序控制时直接用停止按钮将各种输出信号全部清除就能够实现。有条件停止方式相对比较复杂，在控制时要讲究一定的方法，以免错误的操作导致整个系统处于混乱状态。

在机电一体化设备 YL-235A 中有条件停止方式有多种，但是考虑到实用性，并且以可能在真实的机电一体化设备上出现为前提，这里主要介绍两种情况。

（1）用 ZRST 指令（FNC40）实现停止控制

指令功能：将指令范围内的软元件全部复位（清零），如图 6-1-5 所示。

图 6-1-5　全部复位控制

X1 接通后（图 6-1-5），FNC40 指令将 D1～D2 范围内的软元件全部复位（清零）。D1 和 D2 的要求：

1）指定为同一种类的软元件，如位软元件 S、M、X、Y 及字软元件 KnX、KnY、KnM、

KnS、T、C、D、V、Z。

2）D1 的编号要小于 D2 的编号。

3）D1、D2 应同为 16 位数据或同为 32 位数据。

设备正常停止的实现，如图 6-1-6 所示。

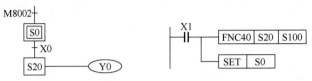

图 6-1-6　设备正常停止控制

注意：程序中若有置位的元件（Y0），停止时要同时将其复位，如图 6-1-7 所示。

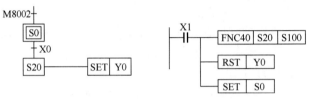

图 6-1-7　程序中置位的复位程序

（2）完成一个周期后才能停止

按下停止按钮后，完成一个周期的工作后才停止的程序如图 6-1-8 所示。

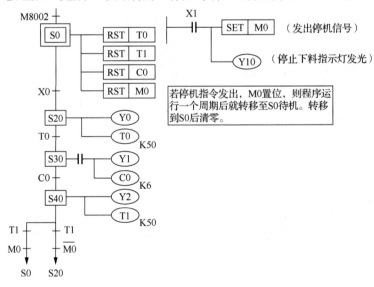

图 6-1-8　完成一个周期的工作后才停止的程序

在连续循环方式的运行过程中，只要按下停止按钮 X1，系统立刻提示停止下料（红色指示灯 Y10 发光），由于停止时已置位 M0，因此，无论停止时系统正在哪个状态工作，都需要完成本周期全部工作任务后，才能通过 M0 转移到 S0 停止运行。

任务实施

本工作任务以机电一体化设备 YL-235A 为载体进行实施，按图 6-1-9 完成设备的组装与调试，并以 PLC 控制为主，具体操作步骤如下。

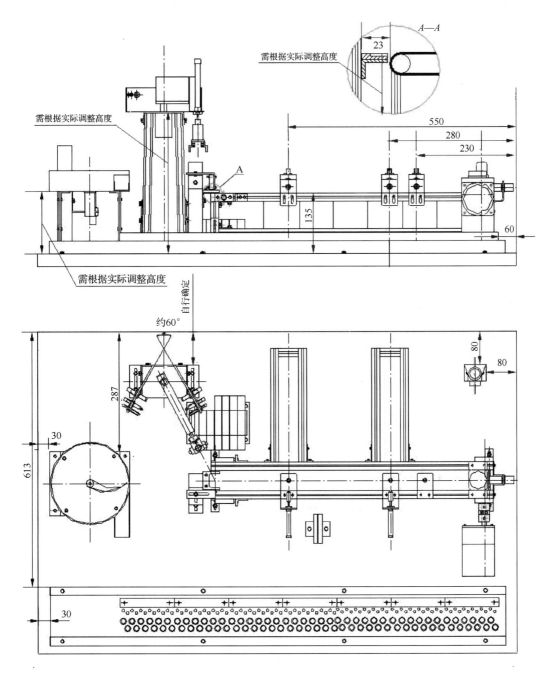

图 6-1-9　设备备件组装图

第1步　按要求完成设备的组装、调试。

01　按照以下要求完成设备的组装。

1）按照工艺标准安装设备机械结构，要求各部件位置准确，安装可靠。

2）将设备上各元器件的引线连接到端子排上（自行设计排线顺序），做好号码管编好线号，并整理接线使其满足接线工艺标准。

3）分配电磁阀的控制对象，并连接好系统气动回路。

4）完成对设备的调试，要求设备各环节安装位置准确，动作平稳、流畅。

02 按照以下流程完成对设备的调试。

1）检查机械结构安装是否到位，有无松动。

2）检查机械安装位置是否准确，保证机械手准确取物、搬运、放物，保证 3 个气缸能够准确地将物料推入各自对应的料槽。

3）打开气源，通过电磁阀上的手动控制按钮来检查各气缸动作是否顺畅，通过调节各气缸两端的节流阀使它的动作平稳、速度匀称。

4）按照工艺要求检查设备电气线路安装情况，注意细节上的规范。

5）设备调试结束后，把安装时所留下的垃圾清理干净，安装时使用的工具整理整齐，摆放在自己的工具箱内。

第2步 按控制要求分配 I/O 地址，绘制电气控制原理图。

01 根据控制要求，确定 I/O 地址分配，如表 6-1-1 所示。

表 6-1-1 PLC 的 I/O 分配表

输入地址			输出地址		
序号	名称	输入点编号	序号	名称	输出点编号
1	启动按钮	X0	1	机械手爪放松	Y0
2	停止按钮	X1	2	提升气缸上升	Y1
3	手爪夹紧传感器	X2	3	悬臂气缸缩回	Y2
4	提升气缸上限位	X3	4	旋转气缸左摆	Y3
5	缩回臂后限位	X4	5	旋转气缸右摆	Y4
6	旋转左限位	X5	6	悬臂气缸伸出	Y5
7	旋转右限位	X6	7	提升气缸下降	Y6
8	伸出臂前限位	X7	8	机械手爪夹紧	Y7
9	提升气缸下限位	X10	9	料台电动机	Y10
10	推料一号气缸前限位	X11	10	推料一气缸伸出	Y11
11	推料一号气缸后限位	X12	11	推料二气缸伸出	Y12
12	推料二号气缸前限位	X13	12	推料三气缸伸出	Y13
13	推料二号气缸后限位	X14	13	变频器正转	Y14
14	推料三号气缸前限位	X15	14	HL1	Y20
15	推料三号气缸后限位	X16	15	HL2	Y21
16	传送带物料检测传感器	X17	16	红色警示灯	Y25
17	料台物料检测传感器	X20	17	绿色警示灯	Y26
18	一号位电感式传感器	X21	18		Y27
19	二号位光纤传感器	X22			
20	三号位光纤传感器	X23			
21	上电按钮	X24			
22	复位按钮	X25			
23	急停按钮	X26			
24		X27			

02 绘制电气控制原理图，如图 6-1-10 所示。

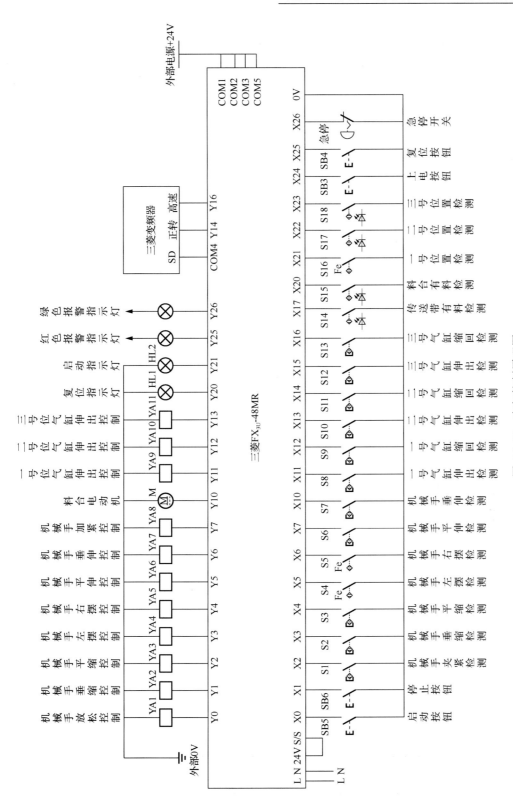

图 6-1-10 电气控制原理图

第 3 步 编写相关实例程序。

根据控制要求及表 6-1-1 所示的 I/O 地址分配，编写实例程序（图 6-1-11），并将程序下载到 PLC 控制器中。

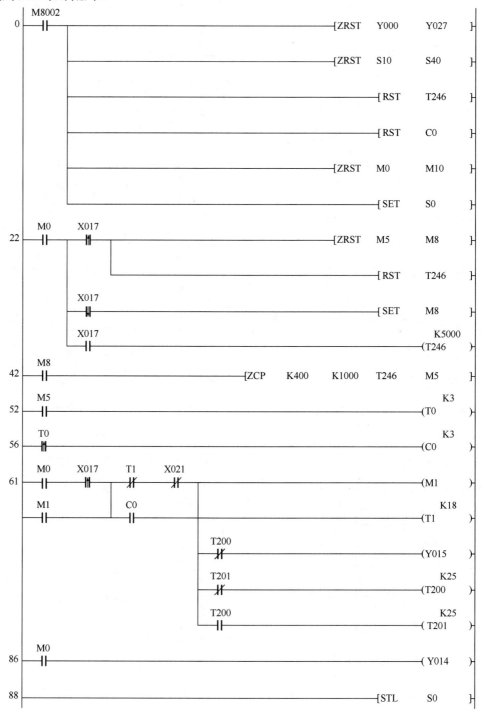

图 6-1-11　实例程序

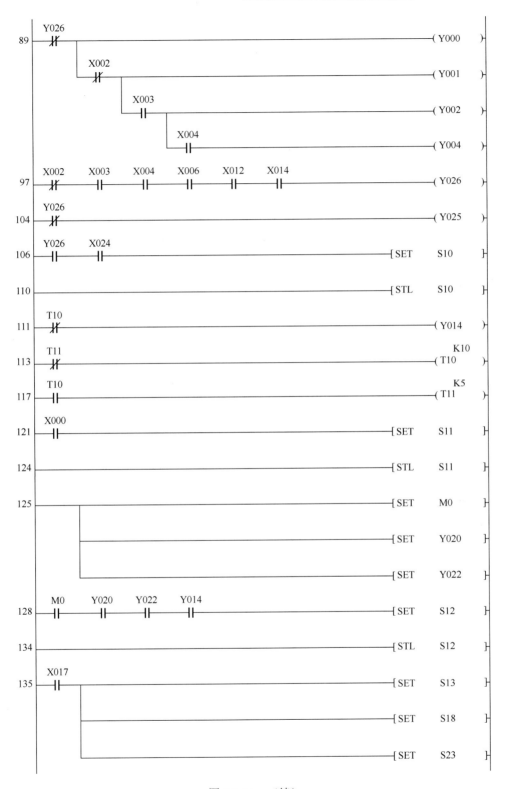

图 6-1-11　（续）

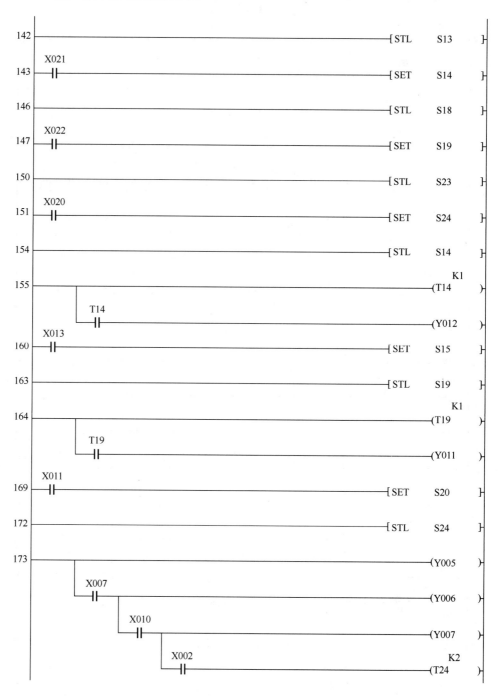

图 6-1-11　（续）

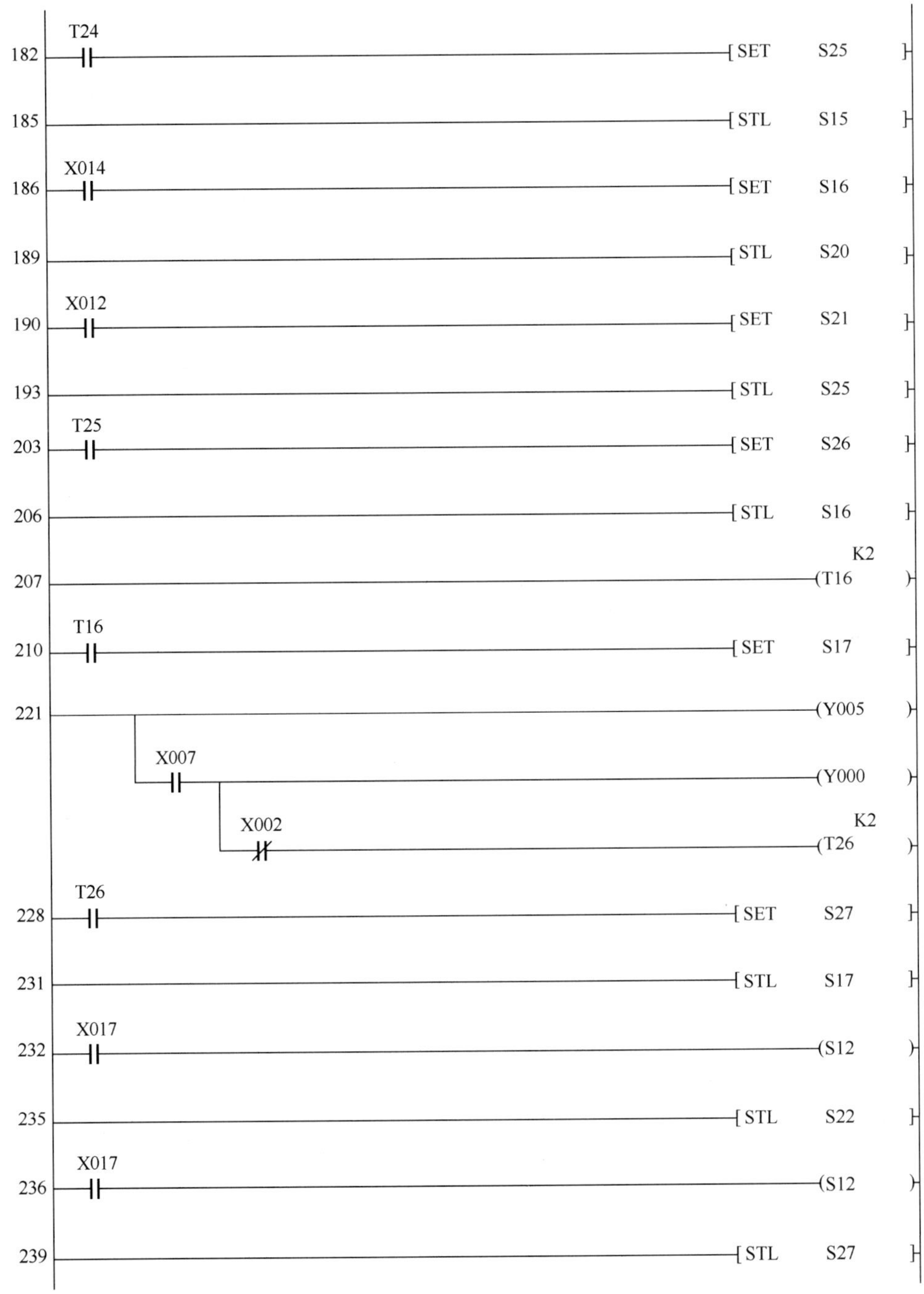

```
182    T24                                          ─[ SET    S25  ]
        ├┤

185                                                 ─[ STL    S15  ]

186    X014                                         ─[ SET    S16  ]
        ├┤

189                                                 ─[ STL    S20  ]

190    X012                                         ─[ SET    S21  ]
        ├┤

193                                                 ─[ STL    S25  ]

203    T25                                          ─[ SET    S26  ]
        ├┤

206                                                 ─[ STL    S16  ]

207                                                           K2
                                                    ─(T16       )

210    T16                                          ─[ SET    S17  ]
        ├┤

221                                                 ─(Y005      )

              X007                                  ─(Y000      )
               ├┤
                    X002                                      K2
                     ┤╱├                            ─(T26       )

228    T26                                          ─[ SET    S27  ]
        ├┤

231                                                 ─[ STL    S17  ]

232    X017                                         ─(S12       )
        ├┤

235                                                 ─[ STL    S22  ]

236    X017                                         ─(S12       )
        ├┤

239                                                 ─[ STL    S27  ]
```

图 6-1-11 （续）

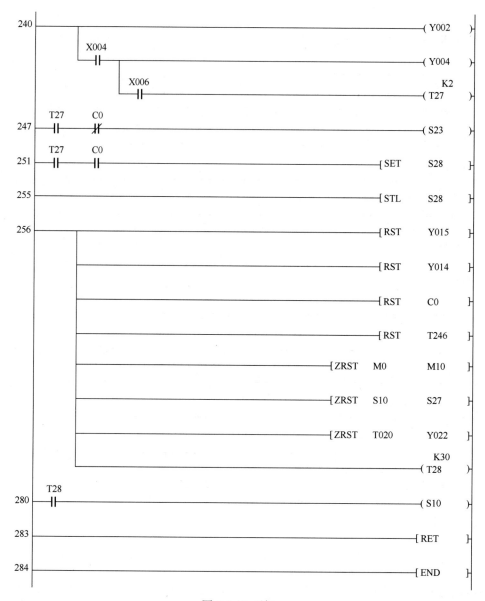

图 6-1-11（续）

第 4 步 根据控制要求进行变频器的参数设置。

变频器的参数设置如表 6-1-2 所示。

表 6-1-2　变频器参数的设置

序号	参数代号	参数值	说明
1	Pr.4	25Hz	高速
2	Pr.7	2s	加速时间
3	Pr.8	1s	减速时间
4	Pr.79	2	电动机控制模式（外部操作模式）

第5步 根据要求通电调试设备达到控制要求。

01 基本工作过程的调试。

程序编写结束后，将程序下载到 PLC，把 PLC 的状态转换到 RUN。按下启动按钮，观察机械手的动作顺序，以及是否出现运行到中途停止及错误动作的情况。如果机械手运行到中途停止不动，应先检查输入信号是否正常，是否接错，二者均正常时，查看程序是否有误码。如果出现错误动作，此时不能立即改变 PLC 状态，而应通过监控程序找出程序中的错误。如果机械手在不应该平伸的时候伸出，则要先找到平伸的输出端（因为是顺序控制，所以一个动作错误后，以后的动作将全部混乱，此时应找到产生第一个错误动作的原因，待解决第一个错误动作的问题后，以后的动作会随着此问题的解决而得到解决）。仔细观察是哪一个中间继电器导致输出口错误动作（每一个动作输出基本由对应的两个中间继电器控制），找到产生错误动作的中间继电器后，再找到此中间继电器的输出端，并结合上下程序找出原因，修改程序，修改完成后重新下载调试。

传送带部分在调试时可能出现第一次分拣正常，而第二次分拣时就会出错。此时，应清除 PLC 内存，重新运行一遍，在运行一次结束后观察是否所有传送带部分的状态都被清除，找出原因，并修改程序。

02 控制功能检查。

工作过程正常后，针对各技术要求进行以下调试。

1）进行启动控制。

2）设备工作时，观察带输送机的运行速度、启动时间和制动时间是否满足要求。

任务评价

完成任务后，填写任务评价表（表 6-1-3）。

表 6-1-3 任务评价表

评分内容	配分	评分标准	扣分	得分
机电一体化设备组装与调试	40分	机械安装部分不符合要求每处扣1分，最多扣20分		
		气路设计不合要求每处扣1分，最多扣10分		
		电路安装设计不符合要求每处扣1分，最多扣10分		
I/O 地址表绘制	15分	输入地址表绘制不正确每处扣1分，最多扣5分		
		输出地址表绘制不正确每处扣2分，最多扣10分		
PLC 外部接线图绘制	15分	主电路绘制不正确每处扣1分，最多扣5分		
		PLC 接线图 I/O 绘制不正确每处扣2分，最多扣10分		
功能调试	30分	启动、停止功能不正确每处扣5分		
		料槽1、料槽2、料槽3不能实现功能每处扣5分，最多扣15分		
		安全文明生产，没有违反操作规程，工作服戴整齐，工位清洁不扣分，如有不符合要求的地方视情况扣分，最多扣5分		

总结与反思：

思考与练习

1．在设备安装、调试过程中有什么体会和经验？在设备组装与调试的过程中遇到了什么困难？用什么办法克服了这些困难？

2．在设备启停控制程序的编写与调试方面有什么体会和经验？在程序编写与调试的过程中遇到了什么困难？用什么办法克服了这些困难？

3．在调试程序的过程中，应注意什么？掌握了编程方法对程序编写有什么帮助？怎么样养成良好的编程习惯？

组装与调试具有报警功能的机电一体化设备

任务描述

在完成任务 6.1 的基础上，完成以下控制要求中所述的各种报警功能，达到此任务拟订的工作要求与技术要求。具体要求如下。

1）复位异常报警：系统进行复位操作时，如系统无法回到初始位置，警示灯常亮报警。系统应断电排除故障后，重新上电进行复位操作使系统回到初始位置，该报警信号解除。

2）无料报警：料口处 20s 后物料检测传感器仍未检测到工件，则表明缺料，警示灯 HL3 按 2.5Hz 频率闪烁 2 次、常亮 2s 的方式报警，提醒操作人员加料。加料后设备启动，警示灯灭。

3）机械手动作超时报警：设机械手每一步动作不超过 5s，如任何一步动作超过 5s 没有完成，警示灯 HL4 按 2Hz 频率闪烁 4 次、常亮 2s 的方式报警，如果报警 5s 后还没有动作完成则系统立即停机。

4）急停报警：为了保证设备安全，在出现事故时闭合急停开关，警示灯 HL5 按 1Hz 闪烁 5 次、常亮 2s 的方式报警，同时系统停机，传送带上的工件全部作为废品，操作人员将传送带上的工件取走，按下复位按钮后解除报警，设备复位后可以重新启动。

在本任务中增加指示灯 HL3、HL4、HL5 作为设备警示灯，为其分配 PLC 点的 Y22、Y23、Y24。

相关知识

1．指示灯程序

由于指示灯控制较复杂，不宜将其放在步进状态中，可以根据工作任务的要求和设备的具体情况采用经验编程法或使用独立的步进过程编写专用的报警及指示灯程序。如果采用经验法处理程序，则要避免出现双线圈输出（如要解决同一盏灯又发光又闪烁，同一盏灯在不同情况下的控制问题）。

指示灯作为一种信号指示工具，在机电一体化设备中应用非常广泛，如可以用于各种工作状态或工作方式的指示、设备保护的报警指示、带输送机允许下料或禁止下料的指示、时间间隔指示，还可以用于指示各种异常情况等，并且通常一盏指示灯可以有多种指示功能（通过不同的闪烁方式来实现）。所以，指示灯程序的编写是很重要的。下面介绍一些常用的指示灯控制程序。

1）一个指示灯 5s 闪烁 1 次，用基本逻辑指令实现的梯形图程序，如图 6-2-1 所示。

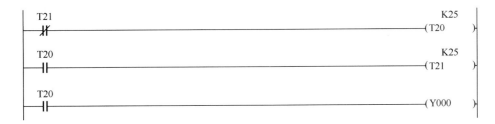

图 6-2-1　指示灯闪亮程序

2）两灯交替发光 2.5s 的梯形图程序，如图 6-2-2 所示。

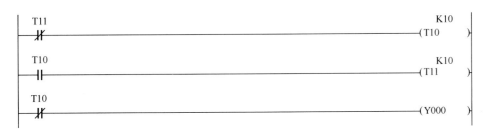

图 6-2-2　交替闪亮程序

3）指示灯发光 1s，熄灭 1s 的梯形图程序，如图 6-2-3 所示。

图 6-2-3　指示灯亮 1s 灭 1s 程序

4）指示灯 1s 闪烁 2 次，熄灭 1s 的梯形图程序，如图 6-2-4 所示。

图 6-2-4　指示灯 1s 闪烁 2 次，熄灭 1s 的程序

2．蜂鸣器作为工作状态提示及各种保护警告的应用

1）蜂鸣器长鸣 5s，停 1s，重复作工作状态提示或报警的控制程序，如图 6-2-5 所示。X0 闭合后，Y10 接通 5s 后，T10 动作，T10 常闭触点断开，Y10 断开。同时，T10 常开触点闭合，T11 接通，T11 接通 1s 后，T11 动作，T11 常闭触点断开，T10 断电并复位，Y10 接通。

2）用蜂鸣器短促鸣 3 声，停 0.5s，重复的工作状态提示或报警的控制程序，如图 6-2-6 所示。

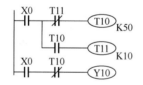

图 6-2-5　蜂鸣器提示程序 1

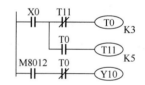

图 6-2-6　蜂鸣器提示程序 2

任务实施

本工作任务列出了 4 种设备的报警功能，请学生完成程序的编制及调试。如果在同一个程序中实现所有功能的工作量太大或完成起来有困难，也可以选取 2～3 个报警功能进行操作。在完成工作任务的过程中，重在理解机电一体化设备报警功能的作用和实现方法，通过练习指导实际应用。完成本工作任务时，应将重点放在以下两个方面：

1）充分理解用单个指示灯表示多种不同报警信号的方法，掌握任务要求中进行声光报警信号报警的方法。

2）仔细分析每一种报警功能的控制要求，总结出控制要点，编程方法可以采用经验编程法，也可以使用步进指令。因为每种报警功能都有自己产生报警和解除报警的独立条件，所以程序上也相对独立。但是要注意的是，编写报警程序不能影响其他程序的正常功能，特别是系统主功能的程序，同时报警功能之间要避免相互影响。在实现报警功能时还要注意程序的合成。

PLC 程序的设计与调试如下。

01 复位异常报警程序，如图 6-2-7 所示。

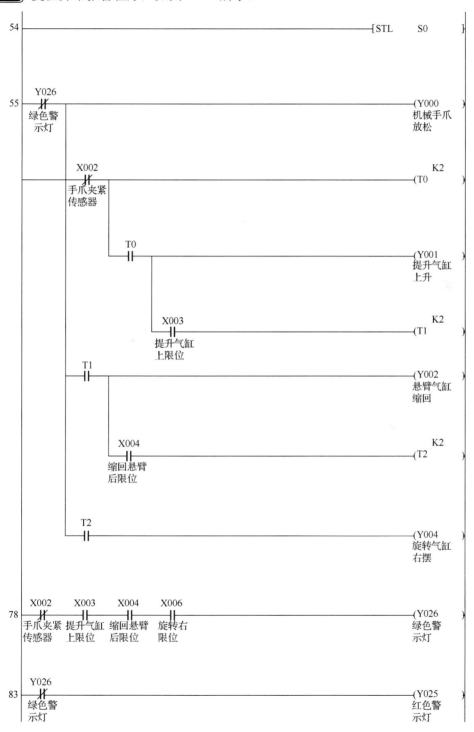

图 6-2-7　复位异常报警程序

02 无料报警程序，如图 6-2-8 所示。

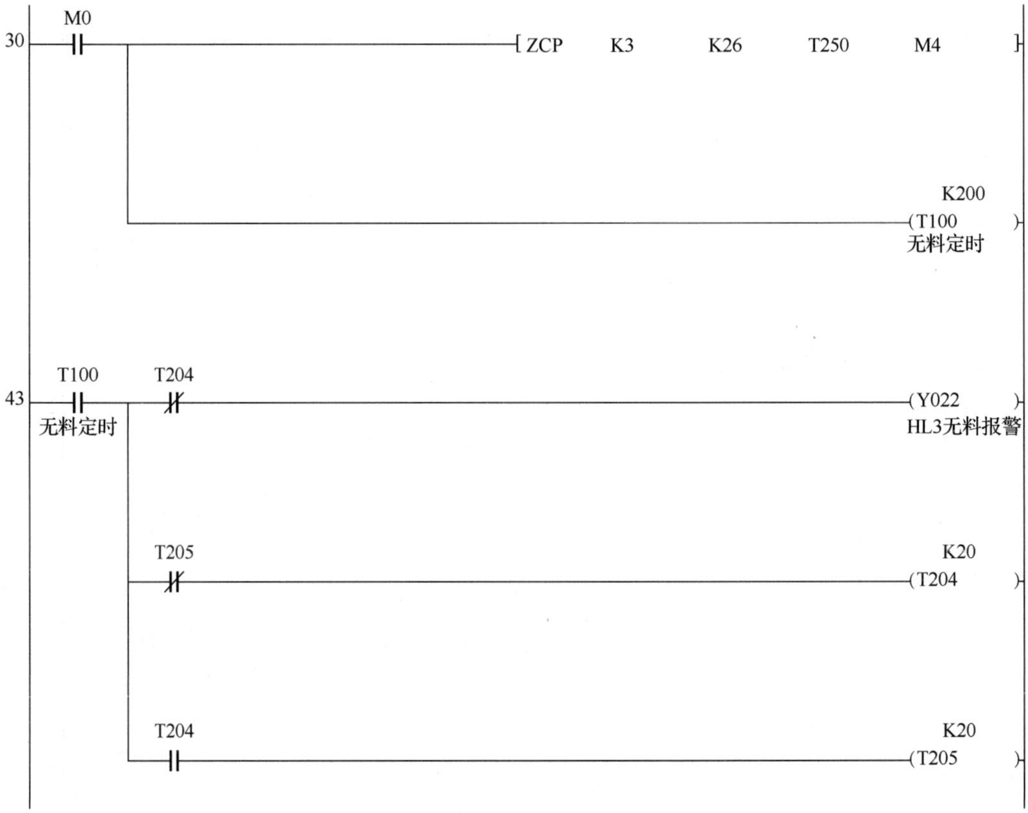

```
30    M0                                          [ZCP   K3    K26   T250   M4  ]
      ┤├─┬─

                                                                          K200
        └─────────────────────────────────────────────────────────────(T100   )
                                                                        无料定时

43   T100   T204                                                        (Y022   )
     ┤├─┬─ ┤╱├                                                          HL3无料报警
        │
        │   T205                                                           K20
        │   ┤╱├                                                         (T204   )
        │
        │   T204                                                           K20
        └── ┤├                                                          (T205   )
```

图 6-2-8　无料报警程序

03 机械手动作超时报警，如图 6-2-9 所示。

04 急停报警。

使用 MC～MCR 指令进行紧急停止控制，如图 6-2-10 所示。

在任何运行方式中，只要闭合急停开关，系统立刻停止工作，急停后必须要先使机器返回初始状态（复位）后才能启动自动运行，如图 6-2-11 所示。

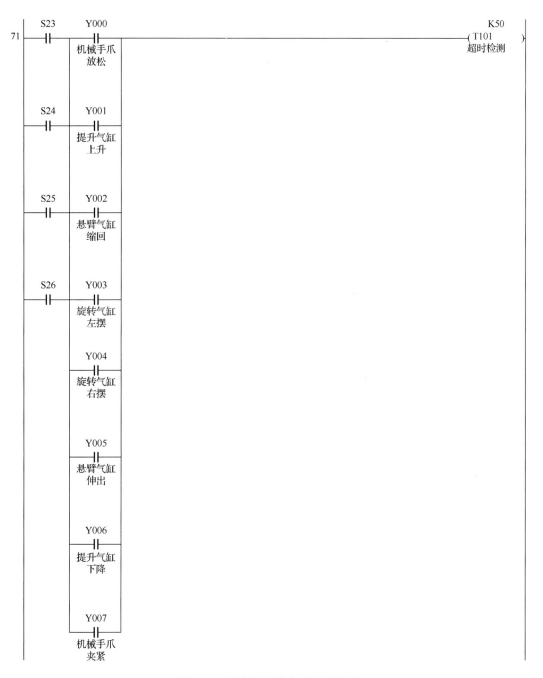

图 6-2-9　机械手动作超时报警程序

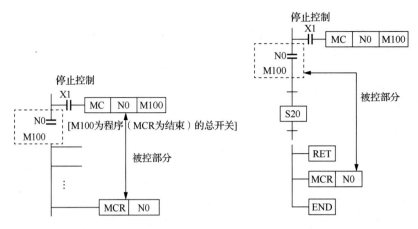

图 6-2-10　MC～MCR 指令作紧急停止控制程序

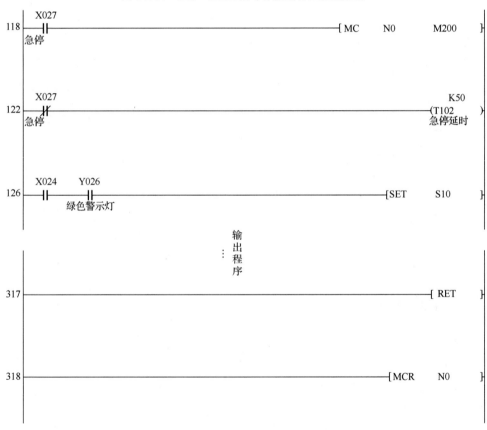

图 6-2-11　急停复位后才可以启动的程序

任务评价

完成任务后，填写任务评价表（表 6-2-1）。

表 6-2-1 任务评价表

评分内容	配分	评分标准	扣分	得分
复位异常报警	30 分	不能完成自动复位功能扣 20 分		
		指示灯闪烁不正确每处扣 5 分，最多扣 10 分		
无料报警	25 分	无料报警不正确扣 10 分		
		无料警示灯闪烁不正确每处扣 5 分，最多扣 15 分		
机械手动作超时报警	15 分	机械手动作不正确每处扣 1 分，最多扣 10 分		
		超时警示灯不正确扣 5 分		
急停报警	30 分	急停功能不正确扣 10 分		
		急停警示灯闪烁不正确每处扣 5 分，最多扣 15 分		
		安全文明生产，没有违反操作规程，工作服穿戴整齐，工位清洁不扣分，如有不符合要求的地方视情况扣分，最多扣 5 分		

总结与反思：

思考与练习

1. 总结在完成任务 6.2 的过程中设备报警程序编写与调试方面的体会和经验。在程序编写与调试的过程中遇到了什么困难？用什么办法克服了这些困难？

2. 在调试程序的过程中，应注意什么？掌握了编程方法对程序编写有什么帮助？怎么样养成良好的编程习惯？

3. 总结在设备急停控制程序编写与调试过程中的体会和经验。在程序编写与调试的过程中遇到什么困难？用什么办法克服了这些困难？

任务 6.3 组装与调试具有自动搬运、分拣功能的机电一体化设备

任务描述

某零件加工和分拣设备（图 6-3-1），工作过程及要求如下。

1. 设备启停控制

启动：按下启动按钮，设备启动。带输送机按由位置 A 向位置 D 的方向高速运行，拖动带输送机的三相交流电动机的运行频率为 25Hz。指示灯 HL1 由闪亮变为常亮。

停止：按下停止按钮，应将当前元件进行处理送到规定位置并使相应的部件复位后，设备才能停止。在设备重新启动之前，应将出料斜槽和处理盘中的元件取出。

复位：按下启动按钮，系统得到启动信号后并不立即开始工作过程，要先判断系统当前状态。如果系统各环节处于复位状态，则开始执行工作过程；如果不处于复位状态，则要先进行复位。

方式选择：状态一时开关 SA1 置于"左"位置时为循环运行（各工作步骤连续运行），状态二时开关 SA1 置于"右"位置时为单次循环（系统单周期运行）。

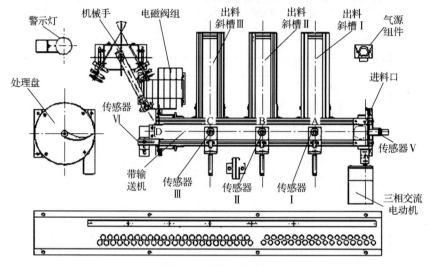

图 6-3-1　零件加工和分拣设备图

2. 系统控制要求

接通设备的工作电源，指示电源正常。执行启动程序，系统进入运行状态，按下启动按钮后，当元件从进料口放上带输送机时，带输送机由高速运行变为中速运行，此时拖动带输送机的三相交流电动机的运行频率为 25Hz。带输送机上的元件到达位置 C 时停止 3s 后再进行加工。

元件在位置 C 完成加工后，带输送机以中速将元件输送到规定位置。

若完成加工的是金属元件，则加工完成后送达位置 A，带输送机停止，由位置 A 的气缸活塞杆伸出将金属元件推进出料斜槽 I，然后气缸活塞杆自动缩回复位。

若完成加工的是白色塑料元件，则加工完成后送达位置 B，带输送机机停止，由位置 B 的气缸活塞杆伸出将白色塑料元件推进出料斜槽 II，然后气缸活塞杆自动缩回复位。

若加工的元件是黑色塑料元件，则加工完成后送达位置 D，带输送机停止。机械手悬臂伸出→手臂下降→手指合拢抓取元件→手臂上升→悬臂缩回→机械手向左转动→悬臂伸出→手指松开，元件掉在处理盘内→悬臂缩回→机械手转回原位后停止。元件落入处理盘后，直流电动机启动，转动 3s 后停止。

在位置 A 与 B 的气缸活塞杆复位和位置 D 的元件搬走后，三相交流电动机的运行频率变为 25Hz，拖动带输送机由位置 A 向位置 D 运行。这时才可在带输送机上放入下一个待加工元件。

按要求完成下列任务：

1）按要求完成设备的组装、调试，要求设备各环节安装位置准确，动作平稳、流畅。

2）按控制要求分配 I/O 地址，绘制电气控制原理图。

3）根据控制要求编写 PLC 程序。

4）按任务要求设置变频器参数。

5）根据要求进行通信连接测试，调试设备并达到控制要求。

相关知识

PLC 程序的调试可以分为模拟调试和现场调试两个过程，在调试之前应首先对 PLC 外部接线做仔细检查，这一个环节很重要。外部接线一定要准确无误，也可以用事先编写好的试验程序对外部接线做扫描通电检查来查找接线故障。不过，为了安全考虑，最好将主电路断开。当确认接线无误后再连接主电路，将模拟调试好的程序输入用户存储器进行调试，直到各部分的功能都正常，并能协调一致地完成整体的控制功能为止。

6.3.1 程序的模拟调试

将设计好的程序写入 PLC 后，首先逐条仔细检查，并改正写入时出现的错误。用户程序一般先在实验室模拟调试，实际的输入信号可以用钮子开关和按钮来模拟，各输出量的通/断状态用 PLC 上有关的发光二极管来显示，一般不用接 PLC 实际的负载（如接触器、电磁阀等）。可以根据功能表图，在适当的时候用开关或按钮来模拟实际的反馈信号，如限位开关触点的接通和断开。对于顺序控制程序，调试程序的主要任务是检查程序的运行是否符合功能表图的规定，即在某一转换条件实现时，是否发生步的活动状态的正确变化，也就是该转换所有的前级步是否变为不活动步，所有的后续步是否变为活动步，以及各步被驱动的负载是否发生相应的变化。

在调试时应充分考虑各种可能的情况，对系统各种不同的工作方式、有选择序列的功能表图中的每一条支路、各种可能的进展路线，都应逐一检查，不能遗漏。发现问题后应及时修改梯形图和 PLC 中的程序，直到在各种可能的情况下输入量与输出量之间的关系完全符合要求。

如果程序中某些定时器或计数器的设定值过大，为了缩短调试时间，可以在调试时将它们减小，模拟调试结束后再写入它们的实际设定值。

在设计和模拟调试程序的同时，可以设计、制作控制台或控制柜，PLC 之外的其他硬件的安装、接线工作也可以同时进行。

6.3.2 程序的现场调试

完成上述工作后，将 PLC 安装在控制现场进行联机总调试，在调试过程中将暴露出系统中可能存在的传感器、执行器和硬接线等方面的问题，以及 PLC 的外部接线图和梯形图程序设计中的问题，应及时对出现的问题加以解决。如果调试达不到指标要求，则对相应硬件和软件部分做适当调整，通常只需要修改程序即可达到调整的目的。全部调试通过后，经过一段时间的试运行，系统就可以投入实际运行了。

任务实施

第 1 步　按要求完成设备的组装、调试。

在开始讨论本任务的主要内容之前，必须先建立一个硬件平台，以便更好地完成工作任务。按照工艺要求及前面所学的知识将设备机械结构和气动回路安装完成，并经过手动测试保证可以稳定运行。

动画：机电一体化
生产线

1）气路连接要满足以下要求。

① 元件选择：气缸使用的电磁阀要与图样相符。

② 气路连接：不可以出现漏接、脱落、漏气等现象。

③ 气路工艺：布局要合理，长度要合理，绑扎要美观（间隔 8～10cm 一道）。

2）按照任务 6.1 步骤 1 中的相应内容完成对设备的调试。

第 2 步　按控制要求分配 I/O 地址，绘制电气控制原理图。

01　分配 PLC 的 I/O 点。

1）确定输入点数：根据动作过程，所用检测传感器占用的输入点数为 18 个；启动、停止、循环方式需要 3 个，共计 21 个输入点。

2）根据工作过程和气动系统图，可以确定完成自动搬运分拣系统所需的输出如下。

① 送料电动机运行，需要 1 个输出；运行指示灯 1 个输出。

② 机械手动作：前伸、后退，上升、下降，抓紧、松开，左摆、右摆，需要 8 个输出。

③ 推料气缸动作：A 气缸、B 气缸、C 气缸动作，需要 3 个输出。

④ 带输送机运行：根据技术要求，带输送机由变频器控制，要求两种速度、正转、反转运行，所以变频器共需要 4 个控制端，占 4 个输出。

由以上分析可知，完成自动搬运分拣系统共需要占用 PLC 的输出点数 17 个。

3）列出 PLC 输入输出地址分配表。

17 个输出中除控制变频器运行的 4 个点不是用 DC24V 电源外，其余都用按钮模块上的 DC24V 电源来驱动，所以输出需要分为两类，控制变频器的 4 个输出点不和其他输出点共用 COM。列出参考的 PLC 的 I/O 地址分配表如表 6-3-1 和表 6-3-2 所示。

表 6-3-1　PLC 输入地址分配表

序号	输入地址	说明	序号	输入地址	说明
1	X0	启动	12	X13	推料一气缸后限位
2	X1	停止	13	X14	推料二气缸前限位
3	X2	物料检测（光电）	14	X15	推料二气缸后限位
4	X3	旋转左限位	15	X16	推料三气缸前限位
5	X4	旋转右限位	16	X17	推料三气缸后限位
6	X5	伸出臂前点	17	X20	传送带物料检测传感器
7	X6	缩回臂后点	18	X21	电感式传感器
8	X7	手爪夹紧传感器	19	X22	光纤传感器
9	X10	提升气缸上限位	20	X23	光纤传感器
10	X11	提升气缸下限位	21	X24	循环方式选择
11	X12	推料一气缸前限位			

表 6-3-2　PLC 输出地址分配表

序号	输出地址	说明	序号	输出地址	说明
1	Y0	料台电动机	10	Y12	推料一气缸伸出
2	Y1	机械手爪放松	11	Y13	推料三气缸伸出
3	Y2	机械手爪夹紧	12	Y14	推料二气缸伸出
4	Y3	旋转气缸正转	13	Y17	运行指示灯
5	Y4	旋转气缸反转	14	Y20	接变频器正转
6	Y5	悬臂气缸伸出	15	Y21	接变频器反转
7	Y6	悬臂气缸返回	16	Y22	接变频器第一速
8	Y10	提升气缸下降	17	Y23	接变频器第二速
9	Y11	提升气缸上升			

02　根据地址分配情况设计出设备 PLC 接线图。

参考的电气控制原理图如图 6-3-2 所示。

03　根据接线图完成对设备的电路连接。

电路连接要满足以下条件。

① 元件选择：元件选择要与任务要求相符。

② 连接工艺：线路连接要牢固，不可出现露铜超过 2mm，同一接线端子上连接导线不能超过 2 条。

③ 编号管：自己连接的导线要套好编号管，并自行设计合理的标号。

第 3 步　**PLC 程序的设计与调试。**

采用三菱 PLC 的步进梯形图指令控制的状态示意图如图 6-3-3 所示。

程序编写思路：编写程序主要包括传送带分拣、机械手控制、料盘控制三大部分，动作顺序是手动放料进入传送带，最后将符合一定条件的工件放到料盘中进行处理，要根据程序的要求采用合理的 PLC 编程方法。

1）传送带的控制及加工处理程序可以结合传送带分拣控制方法用顺序控制梯形图或经验编程法实现，这里建议采用入口光电传感器先将黑白工件分出，然后结合第一个位置的金属传感器将 3 种工件全部分出，3 种工件都分拣完后采用步进指令进行编程，这样更快、更可靠，逻辑也很清楚。对于复杂的分拣加工功能采用经验编程法也可以做出来，但是有一定的难度。传送带的分拣过程要可靠，当工件到达相应位置时，由于传感器灵敏度较高，会在工件到达边沿时就检测到信号，为了保证工件能够准确地到达位置，可以设置一个微调时间用以调整工件到达传感器下方的准确位置。

2）机械手动作的搬运过程设计要正确，为了保证运行的流畅性和可看性，可以在部分执行时间过短的动作上加上适当的延时，使整体动作看起来更平稳、流畅。

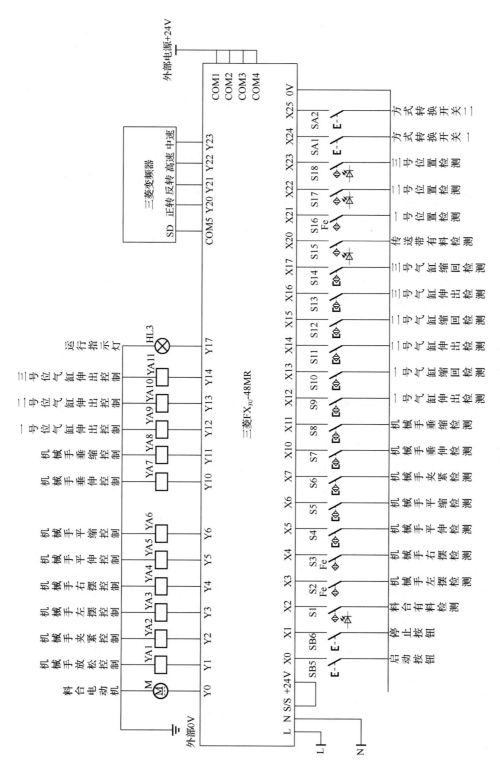

图 6-3-2　参考电气控制原理图

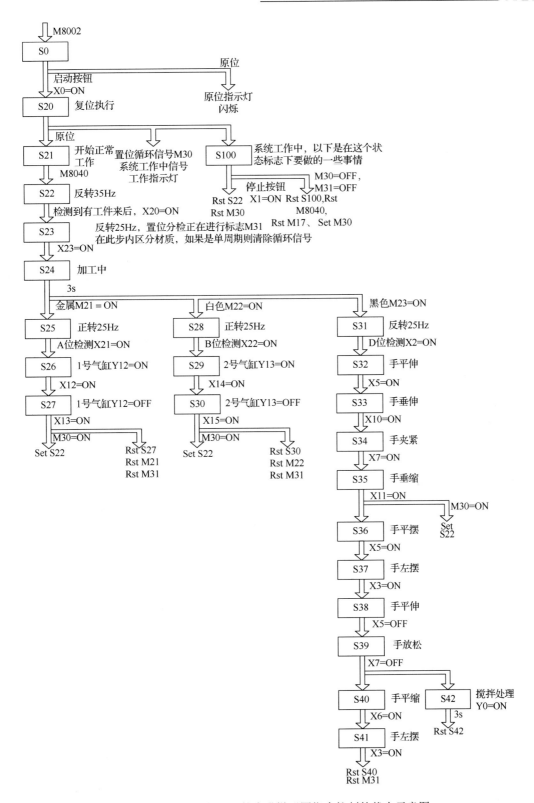

图 6-3-3　采用三菱 PLC 的步进梯形图指令控制的状态示意图

第4步 设置变频器参数。

根据本任务对带输送机的控制要求,列出需要设置的变频器参数及相应的值,并填写表 6-3-3。在设置参数时,如果不知道变频器原来参数的情况可先将参数恢复为出厂设置,然后按表 6-3-3 所示依次设置参数。参数设置结束后再将变频器设为运行模式。

表 6-3-3 变频器设置参数表

序号	参数代号	参数值	说明
1	Pr.4	35Hz	高速
2	Pr.5	25Hz	中速
3	Pr.7	2s	加速时间
4	Pr.8	1s	减速时间
5	Pr.79	2	电动机控制模式(外部操作模式)

第5步 根据要求通电调试设备达到控制要求。

在设备的组装与控制线路连接完成后,应对设备进行整体的检查与调试,以便后面要进行的控制程序调试。

01 检查设备的组装是否与安装图的要求一致,不应有多装或少装的现象,并检查安装是否到位,有没有松动。

02 打开气源,向设备通气,通过电磁阀上的手动控制按钮控制各气缸的动作,检查机械手和推料气缸的运动情况,通过气缸两端的节流阀来调节各气缸动作的平稳和速度。

03 检查电气线路,给设备通电,检查设备上各传感器是否有信号,灵敏度是否满足设备要求;检查电磁阀、指示灯、蜂鸣器等是否正常。

04 检查变频器的工作情况,通过变频器从低频到高频的连续调速,观察电动机的同轴度和传送带输送机的安装情况,避免出现不启动、打滑、晃动严重等现象。

05 控制功能程序调试,主要是对总程序进行调试分析。

任务评价

完成任务后,填写任务评价表(表 6-3-4)。

表 6-3-4 任务评价表

评分内容	配分	评分标准	扣分	得分
电气线路安装与调试	30 分	电气控制线路安装与电气图不符每处扣 2 分,最多扣 20 分		
		电气线路安装不符合工艺规范每处 1 分,最多扣 10 分		
工作方式的控制	10 分	工作方式选择功能不正确扣 5 分		
		工作方式选择不能实现扣 5 分		
料盘和机械手搬运控制	20 分	机械手动作不正确不合理每处扣 2 分,最多扣 10 分		
		料盘运行不正确扣 10 分		

评分内容	配分	评分标准	扣分	得分
传送带分拣控制和设备整体功能及运行稳定性	40 分	传送带分拣功能不正确每处扣 5 分，最多扣 15 分		
		传送带运行频率不正确每处扣 5 分，最多扣 10 分		
		整体功能及运行稳定性不能完全自动有人协助，扣 10 分		
		安全文明，没有违反操作规程，工作服穿戴整齐，工位清洁不扣分，如有不符合要求的地方视情况扣分，最多扣 5 分		

总结与反思：

思考与练习

1. 在调试程序的过程中，应注意哪些问题？掌握编程方法对程序编写有什么帮助？怎样养成良好的编程习惯？

2. 采用不同的方法实现控制要求，并比较哪一种方法做得更好。

附录　机电一体化技能大赛实操任务书

附录 1　2016 年全国职业院校技能大赛机电一体化设备组装与调试竞赛任务书（中职组）

××智能生产设备组装与调试

工

作

任

务

书

山东·潍坊

2016 年 6 月

一、工作任务与要求

1）按××智能生产设备带输送机组装图组装带输送机；按××智能生产设备立柱组装图组装各立柱；按××智能生产设备组装图组装设备，并实现该设备的生产功能。

2）按××智能生产设备电气原理图连接××智能生产设备的控制电路，且连接的电路应符合工艺规范要求。

3）按××智能生产设备气动系统图安装气动系统的执行元件、控制元件和连接气路，调节气动系统的工作压力、执行元件的进气量。使气动系统能按要求实现功能，气路的布局、走向、绑扎应符合工艺规范要求。

4）正确理解××智能生产设备的生产过程和工艺要求、意外情况的处理等，制作触摸屏的界面，编写××智能生产设备的 PLC 控制程序和设置变频器的参数。

注意：在使用计算机编写程序时，请随时在计算机 E 盘保存已编好的程序，保存文件名为工位号加 A（如 03 号工位文件名为"03A"）。

5）请安装、调整传感器的位置和灵敏度，调整机械部件的位置，完成××智能生产设备的整机调试，使××智能生产设备能按提交的订单及要求完成原料配置、产品加工和分拣包装。

6）请填写组装与调试记录中的有关内容。

注意：① 本次组装与调试的××智能生产设备，用触摸屏控制。

② 可以同时使用触摸屏和按钮模块上的按钮、开关控制，但没有加分。

③ 也可以单独使用按钮模块上的按钮、开关控制，但需要在××智能生产设备电气原理图上画出增加的电路，且原电路不能改动。单独使用按钮模块上的按钮、开关控制不能得触摸屏的相关分。

二、××智能生产设备说明

（一）设备概述

××智能生产设备主要部件及其安装位置如附图 1-1 所示。该设备按提交的订单及要求进行配料、加工和包装。

××智能生产设备在调试过程中，样品 A、原料 A、半成品 A、成品 A 均用黑色塑料元件模拟；样品 B、原料 B、半成品 B、成品 B 均用白色塑料元件模拟；样品 C、原料 C、半成品 C、成品 C 均用金属元件模拟。

该设备在工作过程中，按完成一个订单后再完成下一个订单的模式工作；同一订单如果有两套产品，则在完成一套产品的配料、生产和包装后再完成下一套产品的配料、生产和包装。

××智能生产设备工作时，带输送机的三相交流异步电动机正转（传送带由机械手到三相交流异步电动机的方向，为正转）时，变频器的输出频率为 20Hz，带输送机的三相交流异步电动机反转时，变频器的输出频率为 30Hz。

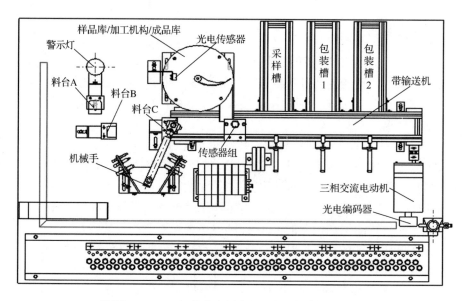

附图 1-1 ××智能生产设备主要部件及其安装位置

（二）设备工作过程及控制要求

××智能生产设备的生产流程分为提交订单、配料、加工、分拣包装 4 个环节。

1. 提交订单

××智能生产设备有关部件的初始位置：机械手位于料台 C 的正上方、悬臂和手臂缩回、手爪张开；采样槽、包装槽入口处的推料气缸活塞杆均处于缩回状态，所有电动机停止转动。不在初始状态的部件，手动复位。设备上电且各部件在初始位置，绿色警示灯亮；有部件不在初始位置，复位后绿色警示灯才亮。

（1）进入订单界面

设备上电时，触摸屏显示首页界面如附图 1-2 所示，按下界面上的"订单"，弹出显示"订单号"和"验证码"的对话框，如附图 1-3 所示。输入正确的订单号和验证码，进入订单界面。若输入不正确，则弹出"请重新输入！"的提示，如附图 1-4 所示，输入正确后进入订单界面；若第二次输入错误，则弹出"请与销售部门联系！"的警告，如附图 1-5 所示。出现警告提示 2s 后恢复到附图 1-2 所示的界面。

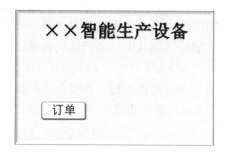

附图 1-2 触摸屏显示首页界面

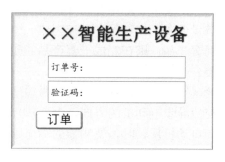

附图 1-3 显示"订单号"和"验证码"

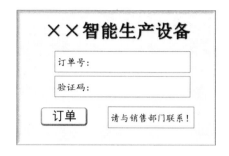

附图 1-4 显示"请重新输入！"　　　　附图 1-5 显示"请与销售部门联系！"

订单号和验证码从设备拥有单位的销售处获得，本次共需完成两个订单：一个订单的订单号为 20160602001，验证码为 235a；另一个订单的订单号为 20160602002，验证码为 235b。先进行第一个订单号的输入、采样、配料、加工与分拣包装；再进行第二个订单号的输入、采样、配料、加工与分拣包装。

（2）订单输入

触摸屏的订单界面如附图 1-6 所示。

附图 1-6 触摸屏的订单界面

订单号在进入订单界面时自动显示，显示的订单号与进入订单界面时输入的订单号相同。

根据订单采样结果，按样品的品种和数量的一定关系生产出来的产品，为 1 套。所需套数为该订单在销售合同中确定。

订单号为 20160602001 的订单，需要的套数为"2 套"；订单号为 20160602002 的订单，需要的套数为"1 套"。套数在进入订单界面时自动显示。

"采样显示"是将进入采样槽中的样品显示在该框中。

（3）采样

进入样品槽的样品个数，也在销售合同中约定。订单号为 20160602001 的订单，约定的进入样品槽中的样品个数为 3 个，3 个品种齐全；订单号为 20160602002 的订单，约定的进入样品槽中的样品个数为 4 个，3 个品种齐全。

放入样品库中的样品要求：样品 A 为 2 个，样品 B 为 2 个，样品 C 为 3 个。

按下界面上的"采样"按钮，"采样"按钮变为绿色的同时，样品库的直流电动机转动将样品送出，三相交流异步电动机正转。样品库送出一个样品，直流电动机停止，判断该样品的品种后，将符合采样要求的样品送到采样槽，将不符合采样要求的样品送到料台 C 暂存或由机械手搬运到料台 A 或料台 B 暂存。样品暂存完成或送入采样槽后，直流电动机转动，样品库再次送出一个样品，如此循环，直到满足采样要求。

订单号为 20160602001 的订单在某次采样过程中的触摸屏的订单界面如附图 1-7 所示（注意：图示为举例用，应按现场采样的实际情况显示。下面各图均应按此理解）。

采样结束，"采样"按钮恢复为原来的颜色，"采样显示"框显示进入采样槽中样品的种类、数量和排列顺序。订单号为 20160602001 的订单在某次采样结束后的触摸屏的订单界面如附图 1-8 所示。

附图 1-7　触摸屏的订单界面　　　　附图 1-8　采样结束后的触摸屏的订单界面

采样后，没有按下"确认"按钮前，可按下"取消"按钮重新采样。按下"取消"按钮后，界面中采样显示消失，需要按下"采样"按钮重新采样，完成后按下"确认"按钮提交订单。按下"确认"按钮后，再按下"取消"按钮将无效。

按下"确认"按钮后再按下"生产"按钮，××智能生产设备将进行配料、加工、分拣包装。

2．配料

（1）配料要求

按采样样品的品种和该品种数量的一定比例进行配料。本次调试时，所有订单按样品 A 对应原料 A、样品 B 对应原料 B、样品 C 对应原料 C，且比例均为 1∶2 的方式进行原料配置。例如，采样时，有 1 个样品 A，就配 2 份原料 A，依此类推。

（2）配料过程及要求

在提交订单后按下"生产"按钮，触摸屏自动进入如附图 1-9 所示的界面。机械手搬运原料前，采用手动方式使拨杆处于光电传感器正下方，否则"启动"按钮无效。按下触摸屏界面的"启动"按钮，设备开始运行，"运行指示灯"变为绿色、"配料"框由白色变为绿色，××智能生产设备开始配料，机械手按配料要求分别从料台 A 抓取原料 A、料台 B 抓取原料 B、料台 C 抓取原料 C 到加工机构。同时，在"配料"框下方，按从左到右，先第一行再第二行的顺序显示送入加工机构的原料种类和顺序。订单 20160602001 配料时的界面如附图 1-10 所示。

机械手把第一个原料送到加工机构后，加工机构的拨杆逆时针转动一个角度（角度的大小自行确定）将原料拨离放料位置，第二个原料送到加工机构后，加工机构的拨杆顺时针转一个角度（角度的大小自行确定）。按这种方式将原料拨离放料位置，只有在放料位置空置的情况下，机械手才能搬运原料到加工机构。

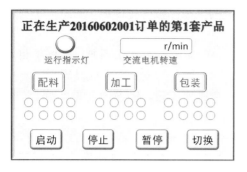

附图 1-9 生产界面

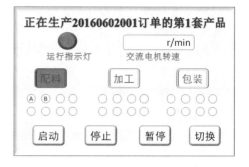

附图 1-10 订单 20160602001 配料时的界面

完成配料后，"配料"框变为黄色，"配料"框下显示送入加工机构原料的种类及其先后顺序，完成订单 20160602001 配料的触摸屏界面如附图 1-11 所示。此时设备暂停，等待用户操作。

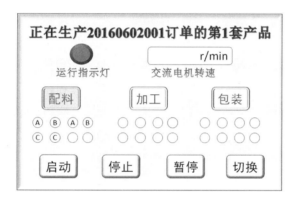

附图 1-11 完成订单 20160602001 配料时的触摸屏界面

3．加工

完成配料后按下"切换"按钮，××智能生产设备进入加工环节，此时触摸屏上"加工"框由白色变为绿色。

（1）产品的品种与数量

产品的品种与采样采得的品种对应，产品的数量为采样采得数量的 2 倍。即产品 A 对应采样得到的样品 A，产品 A 的个数为采样得到样品 A 个数的 2 倍；产品 B 对应采样得到的样品 B，产品 B 的个数为采样得到样品 B 个数的 2 倍；产品 C 对应采样得到的样品 C，产品 C 的个数为采样得到样品 C 个数的 2 倍。

（2）加工过程及要求

配料完成后，加工机构将送入的原料混合后加工成半成品，半成品的种类和数量与产品的种类和数量相符（此环节无须考虑调试）。将半成品加工成型为产品，按以下过程进行。

1）首先成型 3 个产品：加工机构送出第一个半成品，经检测种类后送到料台 C，机械手在料台 C 上方张开手爪，手臂下降到位停止 3s，将半成品成型为产品，手爪合拢抓取成品到料台 A 暂存，放下产品后机械手复位。机械手复位后，加工机构送出第二个半成品到料台 C，成型后送料台 B 暂存。再送出第三个半成品到料台 C，成型后暂存料台 C。

2）前 3 个成型产品暂存后，将加工机构中剩余的半成品按一定间距（间距大小自行确定）送到传送带。

半成品全部送到传送带后，以手动方式使拨杆处于光电传感器正下方。机械手将暂存在料台上的成品放进成品库，放入顺序自行设定。所有暂存的成品放入成品库后，将传送带的半成品依次送到料台 C，成型后送进成品库。完成加工后，触摸屏上的"加工"框由绿色变为黄色。

3）成品库中拨杆拨离送入成品的方式与配料时的方式相同。

加工过程中的触摸屏界面和完成加工的触摸屏界面如附图 1-12 和附图 1-13 所示。此时设备暂停，等待用户操作。

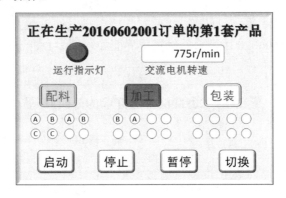

附图 1-12　加工过程中的触摸屏界面

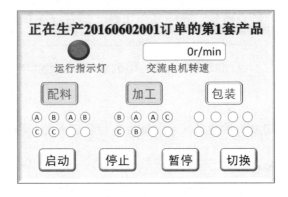

附图 1-13　完成加工的触摸屏界面

"交流电机转速"框实时显示交流电动机正转和反转的转速，反转转速的数字前应有负号"-"。

4. 分拣包装

将所有半成品加工成成品后按下"切换"按钮，××智能生产设备进入对成品库成品进行分拣包装的环节，此时触摸屏界面上的"包装"框由白色变为绿色。

根据采样槽中的样品及其排列顺序，将成品库中的成品送到包装槽 1 和包装槽 2 中的要求如附图 1-14 所示。包装槽 1 中送入的成品及其顺序与采样槽中样品及其顺序完全相同，包装槽 2 中成品的排列顺序与样品槽中的顺序相反。

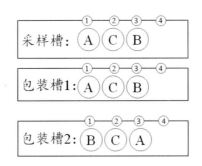

附图 1-14　成品送入包装槽的要求

分拣包装时，同时符合进入两个包装槽的成品，先送到哪个包装槽自行确定。对于两个包装槽都不能进入的成品，送到料台 C 后由机械手搬运回成品库（放料位置处于空置状态时才能放入料）。正在包装的触摸屏界面如附图 1-15 所示，完成包装的触摸屏界面如附图 1-16 所示。此时设备暂停，等待用户操作。

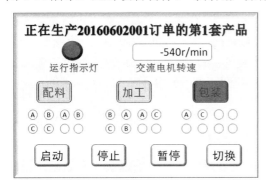

附图 1-15　正在包装的触摸屏界面　　　　　附图 1-16　完成包装的触摸屏界面

包装槽中，按要求进入了所有的成品后，本套产品的生产完成。按下"切换"按钮，返回附图 1-9 所示界面，采用手动方式使拨杆处于光电传感器正下方，按下"启动"按钮，进行该订单下一套产品的生产，生产流程与上述相同。同时，界面中的"配料""加工""包装"框恢复为白色，各框下方的品种显示清空。

××智能生产设备完成当前订单的生产后停止，"运行指示灯"熄灭，按"切换"按钮回到触摸屏首页界面。

5．设备的暂停

在××智能生产设备运行过程中，按下界面上的"暂停"按钮，设备立刻停止，并保持当前状态，当再次按下"暂停"按钮，则按暂停时的状态继续工作。

6．意外情况的处理

在××智能生产设备运行中，本次工作任务仅考虑以下几种意外：

1）××智能生产设备样品库/加工机构/成品库的拨杆被原料/半成品/成品卡住不能转动，或最后的几个原料/半成品/成品不能被拨杆送出，被视为意外。请设备操作员手动处理。

2）机械手在搬运过程中，被搬运的物件从手爪中脱落（视为意外），设备立即停止运行并保持当前状态。这时，按下按钮模块上的"急停"按钮，工作台上红色警示灯亮。手动将物件拿到目标位置后，松开"急停"按钮，设备接着停止时的状态继续运行，工作台上红色警示灯熄灭。

三、组装与调试记录

工位号：_____

1）本次组装与调试××智能生产设备时，使用的光电编码器的型号为_____，该光电编码器的分辨率为_____线，在编码器工作过程中，每转动一圈，输出的脉冲个数为_____个。（1.5分）

2）××智能生产设备使用带减速器的三相交流异步电动机，当电源的频率为50Hz时，电动机额定的转速为_____r/min，经减速器减速后输出的转速为_____。（1分）

3）在组装与调试××智能生产设备的气动系统时，使用了二位五通电磁换向阀，这些电磁阀的阀芯有_____个位置，_____个进出气口；这些电磁阀的电磁线圈的工作电压是直流_____V。连接电磁阀与各个气缸之间的气管的规格是_____。（2分）

4）本次组装与调试××智能生产设备时，为使样品库/加工机构/成品库的直流电动机实现正、反转，采用的接线图（请选手在下面空白处画出）为（1分）

5）本次安装与调试的××智能生产设备时，为检测悬臂位置，在机械手左右限止挡板上安装了2个_____传感器；在样品库/加工机构/成品库的出口处安装了1个_____传感器，用以识别金属物件，在此位置还安装了2个_____传感器。（1.5分）

6）本次安装与调试××智能生产设备过程中，设置触摸屏与PLC之间的通信参数时，设置的通信类型为_____，PLC类型为_____。（1分）

7）本次安装与调试的××智能生产设备使用的变频器，其作用是将输入的频率为_____Hz的三相交流电改变为输出频率可以调节的三相_____电。（1分）

8）编写PLC控制程序时，驱动输出的指令是_____，程序结束使用的指令是_____。（1分）

××智能生产设备组装与调试配分表如附表1-1所示。

附表1-1　××智能生产设备组装与调试配分表

项目	评分项目	配分	评分点	备注
设备组装	××智能生产设备部件组装	12	带输送机组装、机械手组装、立柱和样品库	
	××智能生产设备组装	11	带输送机安装、机械手安装、其他部件等安装位置及工艺	
	电路安装	10	电路连接、走向工艺	
	气路安装	7	气路连接及走向、工艺	
	开始	1.4	警示灯、触摸屏首页界面	

续表

项目	评分项目	配分	评分点	备注
第一订单处理	第一订单输入	2	触摸屏部件及其功能	
	第一订单采样	5.2	样品送出要求、直流电动机转动、交流电动机转动、采样过程与结果、触摸屏界面	
	第一套配料	3.4	加工机构拨杆位置动作、机械手搬运动作、配料过程与结果、触摸屏界面变化	
	第一套加工	8.2	加工过程、要求与结果，交、直流电动机转动、加工过程触摸屏界面变化	
	第一套分拣包装	4.2	分拣过程与结果，触摸屏界面变化	
	第二套生产	5.6	第二套界面切换、配料、加工与包装过程等	
第二订单处理	第二订单输入	0.4	订单号、验证码输入及触摸屏界面变化	
	第二订单采样	1.4	采样过程、结果与要求，触摸屏界面变化	
	第二订单加工	3.6	加工过程、结果与要求，触摸屏界面变化	
	第二订单包装	4	分拣包装过程、结果与要求，触摸屏界面变化	
意外情况		0.6	零件脱落	
记录与过程	工作过程	10	着装、安全操作、器具摆放等	
	组装与调试记录	10		

2016 年江苏机电一体化设备组装与调试配分表（中职学生）如附表 1-2 所示。

附表 1-2　2016 年江苏机电一体化设备组装与调试配分表（中职学生）

工位号：＿＿＿＿＿＿

项目		评分点	配分	评分标准	扣分	得分	评委
实际操作 50 分	机械部件组装	零件三区安装	32	安装位置与工艺符合要求，送料盘安装支架垂直台面			
		警示灯安装		安装位置与工艺符合要求，警示灯安装支架垂直台面			
		零件一、二区安装		安装符合工艺要求			
		输送机安装		安装位置、高度、水平等符合图样要求且符合工艺规范			
		机械手安装		安装位置、高度、传感器等符合图样要求且符合工艺规范			
		推手气缸及支架安装		安装位置与工艺符合要求			
		出料斜槽安装		安装位置与工艺符合要求			
		光纤传感器		安装位置符合要求，光纤传感器光纤线被绑扎			
		电感、漫反射传感器		安装位置、高度、传感器等符合图样要求且符合工艺规范			
		触摸屏		安装位置符合要求			
		接线排与线槽		安装位置与工艺符合要求			
		电磁阀组、气源		电磁阀选择、安装位置符合图样要求及工艺规范			
		进料口安装		安装位置与工艺符合要求			
	气路连接	连接正确	8	安装位置与工艺符合要求，长度合适、不漏气			
		气路连接工艺		气路横平竖直、走向合理，固定与绑扎间距符合要求			
	电路连接	连接工艺	10	电路连接正确、走向合理，固定与绑扎间距符合要求			
		套异形管及写编号		按工艺要求套管、编号			
		保护接地		按图样正确、可靠接地			
安装总分							
总分				统分签名：			

附录 2　2018 年全国职业院校技能大赛机电一体化设备组装与调试竞赛任务书（中职组）

2018 年全国职业院校技能大赛中职组机电

一体化设备组装与调试赛项

××智能制造单元搭建

工

作

任

务

书

天津

2018 年 5 月

一、工作任务与要求

1）按××智能制造单元立柱组装图组装立柱。

2）按××智能制造单元设备组装图组装带输送机及其他机械构件，并实现该设备的生产功能。

3）按××智能制造单元设备电气原理图连接××智能制造单元设备的控制电路，连接的电路应符合工艺规范要求。

4）按××智能制造单元设备气动系统图安装气动系统的执行元件、控制元件和连接气路，调节气动系统的工作压力、执行元件的进气量。使气动系统能按要求实现功能，气缸运行平稳，气路的布局、走向、绑扎应符合工艺规范要求。

5）请参考××智能制造单元说明，正确理解××智能制造单元设备的生产过程和控制要求、意外情况的处理等，制作触摸屏的界面，编写××智能制造单元设备的 PLC 控制程序和设置变频器的参数。

注意：在使用计算机编写程序时，请随时在计算机 E 盘保存已编好的程序，保存文件名为工位号加 A（如 03 号工位文件名为"03A"）。

6）根据调试工作的要求，将黑色工件中电子标签的数据读出，并填写到组装与调试记录表中，然后将记录表中的数据写入白色工件的电子标签中。

7）请安装、调整传感器的位置和灵敏度，调整机械部件的位置，完成××智能制造单元设备的整机调试，使××智能制造单元设备能按提交的订单及要求完成配料、加工和送到指定的出料口。

8）请填写组装与调试记录中的有关内容。

注意：本次组装与调试的××智能制造单元设备，用触摸屏和电子看板进行监控。

也可以单独使用按钮模块上的按钮、开关控制，但需要在××智能制造单元设备电气原理图上画出增加的电路，且原电路不能改动。单独使用按钮模块上的按钮、开关控制不能得触摸屏的相关分。

二、××智能车间××单元设备说明

（一）设备概述

××智能制造单元设备主要部件及其安装位置如附图 2-1 所示。该设备按提交的订单及要求进行配料、加工和送到指定的出料口。

××智能制造单元可将金属、白色塑料、黑色塑料 3 种材料加工为 6 种产品。用一份金属材料（用 1 个金属工件模拟）加工的产品，编号为 2000；用一份白色塑料（用 1 个白色塑料工件模拟）加工的产品，编号为 2001；用一份黑色塑料（用 1 个黑色塑料工件模拟）加工的产品，编号为 2002；用一份金属和一份黑色塑料加工的产品，编号为 2003；用一份金属材料和一份白色塑料加工的产品，编号为 2004；用一份白色塑料和一份黑色塑料加工的产品，编号为 2005。通过移动终端进行下单，下单成功后，由生产管理系统将订单号，以及该订单所需产品的种类、数量下发到本次组装与调试的单元设备进行生产。客户提交订单时选择产品，需要提供该种产品的编号和数量。客户订单样式如附表 2-1 所示。

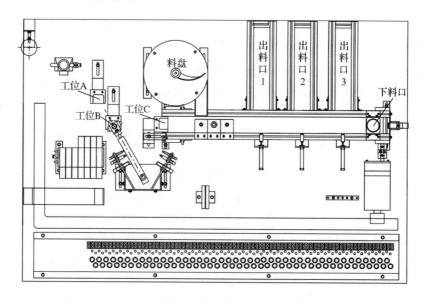

附图 2-1　××智能制造单元设备主要部件及其安装位置示意图

附表 2-1　客户订单样式

订单号：10000		优先级：25		出料口：2	
产品编号	2000	2001	2002	2003	2004	2005
数量	2	0	2	1	0	0

1）"订单号"由 ERP 软件自动生成。

2）"出料口"由客户指定，范围为 1～3。

3）"数量"为客户需要的产品数，0 表示客户不需要该产品，本次调试中，每种产品的数量要求不超过 2。

注意：裁判评分时所用订单与附表 2-1 所示订单数据不同。

设备在工作过程中，按完成一个订单的优先级由高到低的顺序进行生产；在同一订单中有多个产品，优先生产产品编号为 2000～2002 的产品，前述产品生产完成后，才生产编号为 2003～2005 的产品。

××智能制造单元工作时，带输送机的三相交流异步电动机正转（由机械手到三相交流异步电动机的方向）时，变频器的输出频率为 25Hz，反转时变频器输出 30Hz。

智能制造单元上电时，各部件处于初始位置：机械手停留在工位 C 正上方，手爪松开，加工机构的直流电动机、带输送机的三相交流异步电动机均停止转动，各出料口气缸的活塞杆均处于缩回状态。

上电时，若有一个以上（含一个）部件不在初始位置，则单元上的红色警示灯闪烁，手动复位后，红色警示灯熄灭。

（二）工作过程

工作过程包含系统测试和智能生产过程两部分。

1．系统测试

系统测试主要包含 RFID 测试和系统运行测试两部分工作。

（1）RFID 测试

工程师已经将系统测试的 PLC 和触摸屏程序编写完成，存放在本工位计算机桌面的"RFID 测试"文件夹下。程序功能实现了读写黑、白工件电子标签的数据。请将相应程序下载到 PLC 和触摸屏中，正确连接 PLC、触摸屏和 RFID 读写模块（以三菱为例，如附图 2-2 所示，RFID 模块指示灯如附图 2-3 所示），设置相关参数。通信成功后，运行 PLC 和触摸屏程序，进行 RFID 数据读写操作。

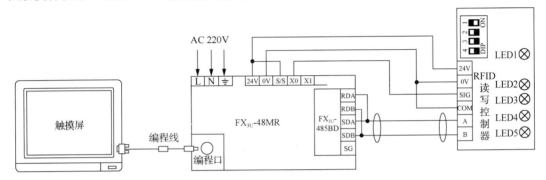

附图 2-2　三菱 PLC 与 RFID 模块连接示意图

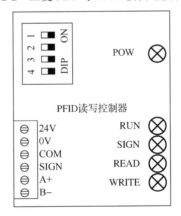

附图 2-3　RFID 模块指示灯介绍

设备上电后，触摸屏界面如附图 2-4 所示。本次操作不对 RFID 模块地址进行操作，请将模块上地址拨码开关全部拨到 OFF 挡。触摸屏上地址栏填 0，将转换开关置于读的位置，将带有电子标签的黑色工件放到 RFID 模块正下方，按下触摸屏上的"读出数据"按钮，将电子标签中的数据读出，此时提示信息栏会显示操作是否成功。如果成功，所读数据会显示在触摸屏的 8 个数据栏内，请将数据填写到过程与调试记录表中。如果不成功，请重新操作。

附图 2-4　RFID 数据读取示意图

注意： 实际读取的数据与附图 2-4 中的数据不同。

在触摸屏上将转换开关置于写的位置，将带有电子标签的白色工件放到 RFID 模块正下方，将过程与调试记录表中的数据输入触摸屏相对应的数据栏内，按下触摸屏上的"写入数据"按钮，此时提示信息栏会显示操作是否成功，如附图 2-5 所示。如果成功，所写数据会显示在触摸屏的 8 个数据栏内。请在标签纸上写下工位号，并将标签纸粘贴在白色工件上。

附图 2-5　RFID 数据写入示意图

注意： 实际写入的数据与附图 2-5 中的数据不同。

（2）系统运行测试

系统运行测试和后续的智能生产过程需要选手编写 PLC 和触摸屏程序。系统运行测试的目的是检测系统各运动部件运行的平稳性。

触摸屏显示如附图 2-6 所示的欢迎界面，其中显示实时时间，显示的单元号与实际的工位号相同，按下"系统运行测试"或"智能生产过程"按钮，可进入相应的界面。

进入系统运行测试界面后，界面如附图 2-7 所示，需要测试的模块有 3 个，分别为料盘电动机、带输送机推料气缸和气动机械手，通过"切换"按钮，可实现测试对象的选择，选中的测试对象显示红色边框（默认测试对象为料盘电动机）。

各对象的测试方法如下。

1）料盘电动机测试：测试前在料盘中放入 3 个白色工件，按下触摸屏上的"启动"按钮，料盘电动机调试指示灯变为绿色，料盘正转，带动拨杆推出工件到带输送机上，当料盘出口光纤传感器检测到有工件送到带输送机上时，料盘电动机停止转动，指示灯恢复为黄色，完成料盘测试。

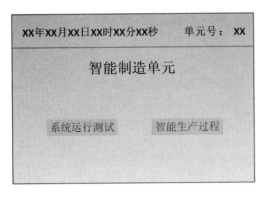

附图 2-6　欢迎界面

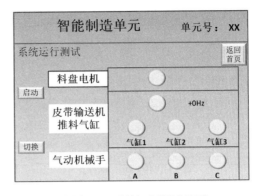

附图 2-7　系统运行测试界面

2）带输送机推料气缸测试：从带输送机右侧的下料口放入一个黑色工件，按下"启动"按钮，气缸 3 指示灯变为绿色，带输送机反转，当工件到达出料口 3 时，带输送机停止，工件被该位置气缸平稳的推入出料口 3，气缸 3 测试完成，触摸屏上气缸 3 指示灯恢复为黄色。

气缸 2 和气缸 1 测试时所用的工件都是白色塑料工件，测试方法与气缸 3 的测试方法类似，触摸屏上分别用气缸 2 和气缸 1 指示灯进行显示。

3）气动机械手测试：在工位 A、工位 B 和工位 C 料台上各放入一个金属工件，按下"启动"按钮，触摸屏上的 A 测试指示灯变为绿色，同时机械手将工件从工位 A 搬运至料盘，动作顺序为左转→伸出→下降→手爪夹紧→停留 3s→上升→缩回→右转→伸出→手爪松开→缩回，然后机械手回到工位 C 上方，工位 A 测试指示灯变为黄色，完成工位 A 测试过程。机械手在抓取工件时不能与工件上表面接触，应保持 1～2mm 距离，工件抓取过程中气缸动作平稳，不能出现抓不准或工件掉落的情况。

工位 B 和工位 C 工件抓取测试过程与工位 A 的抓取过程相似，触摸屏上分别用 B 和 C 指示灯进行显示。

注意：在评分过程中由于设备安装原因，或其他因素而导致设备不能够继续调试，则终止当前对象的测试，通过"切换"按钮选择其他测试对象，同时设备需要安全、合理复位。

按下触摸屏上的"返回首页"按钮，返回欢迎界面，同时设备恢复为初始状态，"系统运行测试"按钮变为灰色，不能再次进行测试。此时，可以按下"智能生产过程"按钮，进入生产过程。

2．智能生产过程

在欢迎界面按下"智能生产过程"按钮，系统进入生产过程运行界面，如果 MES 还没有下发订单任务，运行指示灯为黄色，状态栏显示"无订单等待生产"，如附图 2-8 所示；如果 MES 已经下发订单任务，制造单元上的绿色警示灯闪烁，触摸屏上的运行指示灯显示为绿色，状态栏显示"订单 10000 等待生产"，表格区域显示订单中需要生产的产品数量，如附图 2-9 所示。

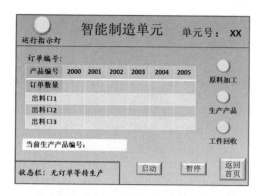

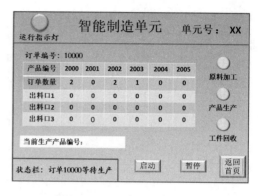

附图 2-8　智能生产过程界面　　　附图 2-9　订单下发后界面显示

订单生产过程分为原料加工、产品生产和工件回收 3 个部分。

（1）原料加工

按下触摸屏上的"启动"按钮，订单生产过程开始，机械手分别到工位 A、工位 B、工位 C 抓取对应的白、金、黑工件各 1 个放入料盘中，完成后，料盘的直流电动机旋转 3s，对料盘中的工件进行加工，然后机械手再次到 A、B、C 工位各抓取 1 个工件放入料盘，完成后，直流电动机再次旋转 2s，同时蜂鸣器鸣叫，表示加工过程结束。

在加工过程中，触摸屏上的原料加工指示灯绿色闪烁，加工完成后恢复为黄色常亮。

（2）产品生产

加工过程结束后，制造单元自动转入产品生产环节。

料盘电动机启动，送出 1 个工件后暂停，然后带输送机正转，工件经过传感器检测后带输送机暂停 2s，传感器检测出工件的材质。

由于系统要求在同一订单中优先生产编号为 2000～2002 的产品，如果料盘送出的工件为产品所需，则触摸屏上显示正在生产产品的编号，带输送机继续运行，将该工件送入订单指定的出料口，该产品生产完成，触摸屏表格区域对应的数值加 1，当前生产产品编号清空；如果该工件为产品 2000～2002 不需要的工件，则该工件由带输送到工位 C，然后机械手将其送回料盘。当工件进入出料口或回送到料盘后，直流电动机继续转动，送出下一个工件，继续进行生产，直到编号为 2000～2002 的产品生产完毕。

如果当前订单中还有编号为 2003～2005 的产品需要生产，则料盘继续送出一个工件，带输送机运行，由传感器检测出该工件材质后系统暂停，如果该工件不是 2003～2005 产品所需，则由带输送机回送到工位 C，再由机械手送回料盘；如果是所需工件，则触摸屏显示正在生产的产品编号（如果是多个产品都需要该工件，则优先生产编号数值较小的产品），料盘直流电动机启动，再送出一个工件。第二个工件经传感器检测后，如果不是当前生产产品所需工件，则该工件回到工位 C，再被机械手抓回料盘，带输送机正转，使第一个工件到达合理的位置，以便于制造单元配送当前生产产品的第二个工件；如果料盘送出的第二个工件符合当前生产产品的需求，则带输送机运行，两个工件依次被推进订单指定的出料口，触摸屏表格区域对应的数值加 1，当前生产产品编号清空。

当前订单中编号为 2003～2005 的产品生产过程中，如果出现料盘中送出的工件连续 3 次回送到料盘，则说明料盘中某种材质的工件数量较少，此时，智能制造单元上的红色和绿色警示闪烁，并持续 3s，随后智能制造单元启动原料加工过程，原料加工结束后，料盘中增加了 6 个工件，系统继续进行产品生产过程。

当前订单生产过程界面如附图 2-10 所示，所有产品生产完成，触摸屏界面如附图 2-11 所示，状态栏显示"订单 10000 生产完成"，随后智能制造单元自动进入工件回收流程。

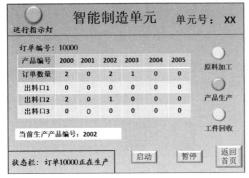

附图 2-10　当前订单生产过程界面

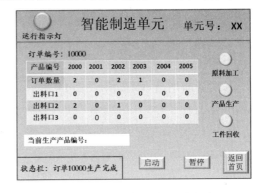

附图 2-11　生产完成界面显示

当前订单生产过程中，触摸屏上的产品生产指示灯绿色闪烁，生产完成后恢复为黄色常亮。如果在生产过程中出现原料加工过程，则触摸屏上的原料加工指示灯同时绿色闪烁，原料加工过程结束，该指示灯恢复黄色常亮。

（3）工件回收

当前订单中的产品生产完成后，料盘电动机启动，送出一个工件后暂停，带输送机运行，传感器检测出工件材质后带输送机反转，机械手根据工件材质分别将工件回送到工位 A、工位 B 和工位 C。

说明：A、B 工位由机械手送回工件后，选手手动将工件取走，C 工位对应工件到达后直接手动取走工件。

工件回收过程中，触摸屏上的工件回收指示灯绿色闪烁，回收结束后恢复黄色常亮。

料盘中的所有工件回收完毕后，当前订单生产过程结束，如果还有订单等待生产，则触摸屏状态栏显示"订单×××××等待生产"，触摸屏上显示"订单切换"按钮，如附图 2-12 所示，按下该按钮，则该按钮消失，"订单编号"变更为等待生产的订单编号，表格区域显示相应的订单数据，如附图 2-13 所示。按下"启动"按钮，则启动该订单生产。

附图 2-12　订单切换前

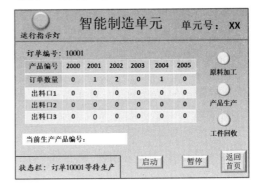

附图 2-13　订单切换后

如果全部订单生产完成，则状态栏显示"无订单等待生产"，运行指示灯变为黄色，制造单元上的警示灯熄灭。

在订单产品生产过程中，操作人员可按下触摸屏界面的"暂停"按钮，各电动机立即停止转动，各气缸在完成当前动作后暂停，再次按下"暂停"按钮，系统恢复运行。

三、××智能制造系统说明

（一）××智能制造系统概述

××智能制造系统如附图2-14所示，多台智能制造单元通过交换机与服务器组成一个局域网。

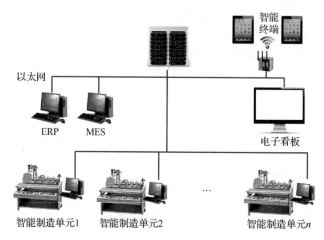

附图2-14　××智能制造系统

该智能制造系统中，各种设备的基本功能如下。

1）智能终端：可实现生产订单的设置，生产任务的查询。

2）ERP和MES：根据智能终端生成的订单下发生产任务给智能制造单元；收集智能制造单元生产任务的执行情况。

3）智能制造单元：根据服务器下发的生产任务，将原料加工为产品，将生产过程的数据和设备工况上传给服务器。每个制造单元旁均配置有一台计算机，该计算机用于实现和服务器及控制PLC通信。

4）电子看板：用于实现观察智能制造系统各单元的工作状态。

（二）订单管理与生产管理系统（MES）

在本智能制造系统中，订单数据和生产过程的数据由MES软件与PLC进行数据交换，每台制造单元所配置的计算机中安装有235A制造平台单机版和iMes竞赛客户端两个软件，单机版软件用于设备调试过程，iMes竞赛客户端软件用于正常生产过程。这两个软件均可实现对连接PLC内部的寄存器单元进行读写。PLC内部寄存器的定义如附表2-2和附表2-3所示。

附表 2-2 PLC 内部寄存器的定义 1

寄存器定义	订单 1		订单 2		订单 3	
	三菱	西门子	三菱	西门子	三菱	西门子
订单编号	D400	VW400	D430	VW460	D460	VW520
订单状态	D401	VW402	D431	VW462	D461	VW522
出料口	D402	VW404	D432	VW464	D462	VW524
优先级	D403	VW406	D433	VW466	D463	VW526

注：1. "订单状态"用寄存器内存放的数据表示，空订单=0，等待生产=1，正在生产=2，取消生产=3，生产完毕=4。

2. 出料口数值范围为 1～3。

3. 优先级用数值表示，范围为 1～100，数值越小优先级越高，默认值为 100。

附表 2-3 PLC 内部寄存器的定义 2

寄存器定义	订单 1		订单 2		订单 3	
	三菱	西门子	三菱	西门子	三菱	西门子
产品 1 编号	D406	VW412	D436	VW472	D466	VW532
产品 1 排产量	D407	VW414	D437	VW474	D467	VW534
产品 1 已产量	D408	VW416	D438	VW476	D468	VW536
产品 2 编号	D410	VW420	D440	VW480	D470	VW540
产品 2 排产量	D411	VW422	D441	VW482	D471	VW542
产品 2 已产量	D412	VW424	D442	VW484	D472	VW544
产品 3 编号	D414	VW428	D444	VW488	D474	VW548
产品 3 排产量	D415	VW430	D445	VW490	D475	VW550
产品 3 已产量	D416	VW432	D446	VW492	D476	VW552
产品 4 编号	D418	VW436	D448	VW496	D478	VW556
产品 4 排产量	D419	VW438	D449	VW498	D479	VW558
产品 4 已产量	D420	VW440	D450	VW500	D480	VW560
产品 5 编号	D422	VW444	D452	VW504	D482	VW564
产品 5 排产量	D423	VW446	D453	VW506	D483	VW566
产品 5 已产量	D424	VW448	D454	VW508	D484	VW568
产品 6 编号	D426	VW452	D456	VW512	D486	VW572
产品 6 排产量	D427	VW454	D457	VW514	D487	VW574
产品 6 已产量	D428	VW456	D458	VW516	D488	VW576

机械安装评分表如附表 2-4 所示。

附表 2-4 机械安装评分表

项目	内容	分值	得分与扣分	配分	得分	项目分
机械部件组装与设备安装	带输送机组装	5	零件齐全，零件安装部位正确，组装为完整的带输送机（缺少零件，零件安装部位不正确，每个扣 0.1 分，最多扣 1 分）	1		
			上、下横梁与立柱，左、右横梁与立柱垂直（不成直角，每个扣 0.1 分，最多扣 1 分）	1		
			立柱间连接支架紧固螺钉紧固，无松动（紧固螺钉缺少或松动，每只扣 0.2 分，最多扣 1 分）	1		
			紧固螺钉垫片（缺垫片，每个扣 0.1 分，最多扣 1 分）	1		
			主辊轴与副辊轴平行，传送带松紧符合要求，各 0.5 分	1		

续表

项目	内容	分值	得分与扣分	配分	得分	项目分
机械部件组装与设备安装	机械手组装	4	零件齐全,零件安装部位正确,组装为完整的机械手(缺少零件,零件安装部位不正确,每个扣 0.1 分,最多扣 1 分)	1		
			立柱与悬臂、悬臂与手臂垂直,各 0.5 分	1		
			悬臂定位螺钉与旋转气缸转轴定位楔口对准	0.5		
			左右限位螺钉、缓冲器、传感器安装位置正确(位置顺序不符,扣 0.25 分)	0.5		
			紧固螺钉紧固,无松动(紧固螺钉缺少或松动,每只扣 0.1 分,最多扣 0.5 分)	0.5		
			紧固螺钉垫片(缺垫片,每个扣 0.1 分,最多扣 0.5 分)	0.5		
	立柱组装	3	工位 A、工位 B 立柱符合安装图	0.8		
			工位 C 立柱符合安装图	1.2		
			紧固螺钉紧固,无松动(紧固螺钉缺少或松动,每只扣 0.1 分,最多扣 0.5 分)	0.5		
			紧固螺钉垫片(缺垫片,每个扣 0.1 分,最多扣 0.5 分)	0.5		
	带输送机安装位置及工艺	4	与右端尺寸(98 ± 0.5)mm,与后边尺寸(220 ± 5)mm,高度(130 ± 0.5)mm,四角高度差不超过 1mm,每错一处扣 0.2 分	1		
			支架与立柱紧固螺钉距离符合要求,每错一处扣 0.1	0.4		
			带输送机安装支架竖直且与台面垂直(不符合要求,每处扣 0.1 分)	0.5		
			三相电动机安装位置正确(不正确,每处扣 0.2 分),电动机轴与带输送机主辊轴同轴度符合要求,联轴器与支架间隙为 2mm(不符合扣 0.2 分)	0.5		
			斜槽位置距正确(不正确,每处扣 0.2 分)	0.6		
			紧固螺钉紧固,无松动(紧固螺钉缺少或松动,每只扣 0.1 分,最多扣 0.5 分)	0.5		
			紧固螺钉垫片(缺垫片,每个扣 0.1 分,最多扣 0.5 分)	0.5		
	机械手安装位置及工艺	1	与设备台面相对位置正确	0.5		
			支架与台面、立柱连接的紧固螺钉紧固(紧固螺钉缺少或松动,只扣 0.1 分),垫片齐全(缺垫片,每个扣 0.1 分)	0.5		
	其他部件安装位置及工艺	8	阀岛与设备台面相对位置正确;紧固螺钉紧固,无松动(紧固螺钉缺少或松动,每只扣 0.1 分);垫片齐全(缺垫片,每个扣 0.1 分)	1		
			警示灯立柱选择正确(不正确,每处扣 0.1 分),立柱与右端距离(140 ± 0.5)mm,与前端距离(380 ± 0.5)mm(安装尺寸超差,每处扣 0.1 分);紧固螺钉齐全、紧固(缺紧固螺钉或螺钉松动,每只扣 0.1 分);垫片齐全(缺垫片,每个扣 0.1 分)	1		
			触摸屏与设备台面相对位置正确(不正确,每处扣 0.1 分);支架与台面、立柱连接的螺钉紧固(松动每处扣 0.1 分),垫片齐全(缺垫片,每个扣 0.1 分)	1		
			料盘 4 个方向高度差符合要求,安装尺寸误差符合要求超过(±0.5mm,每处扣 0.1 分);紧固螺钉齐全、紧固(紧固螺钉缺少或松动,每只扣 0.1 分),垫片齐全(缺垫片,每个扣 0.1 分)	2		
			气源组件与右端距离 70mm,后边距离 420mm,螺钉紧固(松动每只扣 0.1 分),安装尺寸误差符合要求(超过±0.5mm,每处扣 0.1 分),紧固螺钉齐全(缺少紧固螺钉,每只扣 0.1 分),垫片齐全(缺垫片,每个扣 0.1 分)	1		
			接线端子排与接地排与设备台面相对位置正确(尺寸错误扣 0.2 分);紧固螺钉齐全、紧固(缺螺钉或螺钉松动,每只扣 0.1 分);垫片齐全(缺垫片,每个扣 0.1 分)	1		
			行线槽线槽部件齐全,0.2 分,固定点距距离不超过 50mm,0.2 分(不符合要求每处扣 0.1 分);接缝处不大于 2mm(大于 2mm 时,每处扣 0.1 分)	1		

功能评分表如附表 2-5 所示。

附表 2-5　功能评分表

内容	分值		得分与扣分	配分	得分	项目分
上电初始位置	2.5		机械手停留在工位 C 正上方，手爪松开，各电动机停止，各出料口气缸缩回（每错 1 处，扣 0.2 分）	0.9		
			任一部件不在初始位置，红色警示灯闪烁，手动复位后，红色警示灯熄灭（每个气缸都要测试，电动机不用测试）	1.6		
触摸屏界面	6		3 个部件：当前的日期和时间、单元号、智能制造单元标题，每个 0.1 分（错漏字每处扣 0.05 分）	0.3		
			2 个按钮，"系统运行测试"（0.1 分），"智能生产过程"（0.1 分）	0.2		
		按键	按下"智能生产过程"按钮，进入智能生产界面（0.1 分）	0.1		
			表格内共 35 个部件，共 3.5 分（每缺一个部件扣 0.1 分；错漏字每处扣 0.02 分）	3.5		
			表格外共 18 个部件，共 1.8 分（每缺一个部件扣 0.1 分；错漏字每处扣 0.02 分）	1.8		
		按键	在智能生产界面，按下"返回主页"按钮，返回主页（0.1 分）	0.1		
系统运行测试	5.4	按键	在主页，按下"系统运行测试"按钮，进入测试界面（0.1 分）	0.1		
			部件齐全，共 1.3 分（每缺一个部件扣 0.05 分；错漏字每处扣 0.02 分）	1.3		
		按键	按下"切换"按钮，可实现测试对象的选择，选中的测试对象显示红色边框，3 个部件均可切换。每处 0.1 分	0.3		
			裁判指令：选择"料盘电机"测试，在料盘中放入 3 个白色工件			
		按键	按下"启动"按钮，料盘电动机调试指示灯变为绿色（0.1 分）	0.1		
			料盘正转（0.1 分）	0.1		
			工件到达带电动机停止（0.1 分）	0.1		
			指示灯恢复黄色（0.1 分）	0.1		
			裁判指令：选择"皮带输送机"测试，在下料口放入黑色工件			
		按键	按下"启动"按钮，气缸 3 指示灯变绿色（0.1 分）	0.1		
			带输送机反转（0.1 分）	0.1		
			当工件到达出料口 3 时，带输送机停止（0.1 分）	0.1		
			工件被气缸推入出料口 3（0.1 分）	0.1		
			触摸屏上气缸 3 指示灯恢复黄色（0.1 分）	0.1		
			裁判指令：在下料口放入白色工件			
		按键	按下"启动"按钮，气缸 2 指示灯变绿色（0.1 分）	0.1		
			带输送机反转（0.1 分）	0.1		
			当工件到达出料口 2 时，带输送机停止（0.1 分）	0.1		
			工件被气缸推入出料口 2（0.1 分）	0.1		
			触摸屏上气缸 2 指示灯恢复黄色（0.1 分）	0.1		
			裁判指令：在下料口放入白色工件			
		按键	按下"启动"按钮，气缸 1 指示灯变绿色（0.1 分）	0.1		
			带输送机反转（0.1 分）	0.1		

内容	分值		得分与扣分	配分	得分	项目分
系统运行测试	5.4		当工件到达出料口1时，带输送机停止（0.1分）	0.1		
			工件被气缸推入出料口1（0.1分）	0.1		
			触摸屏上气缸1指示灯恢复黄色（0.1分）	0.1		
		裁判指令：选择"气动机械手"测试，A、B、C工位分别放金属工件				
		按键	按下"启动"按钮，A指示灯变绿色（0.1分）	0.1		
			机械手到A工位夹工件（0.1分）	0.1		
			暂停3s（0.1分）	0.1		
			工件放入料盘（0.1分）	0.1		
			A指示灯变黄色（0.1分）	0.1		
		按键	按下"启动"按钮，B指示灯变绿色（0.1分）	0.1		
			机械手到B工位夹工件（0.1分）	0.1		
			暂停3s（0.1分）	0.1		
			工件放入料盘（0.1分）	0.1		
			B指示灯变黄色（0.1分）	0.1		
		按键	按下"启动"按钮，C指示灯变绿色（0.1分）	0.1		
			机械手到C工位夹工件（0.1分）	0.1		
			暂停3s（0.1分）	0.1		
			工件放入料盘（0.1分）	0.1		
			C指示灯变黄色（0.1分）	0.1		
		按键	按下"返回主页"按钮，进入欢迎界面（0.1分）	0.1		
			"系统运行测试"按钮变灰（0.1分）	0.1		
			不能再次进入测试界面（0.1分）	0.1		
第一订单生产	8.5	裁判指令：按下"智能生产过程"按钮，进入该界面				
			运行指示灯为黄色（0.1分）	0.1		
			状态栏显示"无订单等待生产"（0.1分）	0.1		
		裁判指令：使用计算机端iMes软件，下载订单				
			制造单元上的绿色警示灯闪烁（0.1分）	0.1		
			触摸屏上的运行指示灯显示为绿色（0.1分）	0.1		
			状态栏显示订单10001等待生产（0.1分）	0.1		
			表格区域显示产品数量依产品编号顺序为0，1，2，0，0，0（每个数据正确0.1分）	0.6		
		裁判指令：工位A、工位B、工位C对应放白、金、黑3种工件，选手注意补料				
		按键	按下"启动"按钮，机械手分别到工位A、工位B、工位C抓取对应的白、金、黑工件各1个放入料盘中，完成后（抓成功一个得0.1分），料盘的直流电动机旋转3s（0.1分）	0.4		
			机械手再次到A、B、C工位各抓取1个工件放入料盘（抓成功一个得0.1分），完成后，直流电动机再次旋转2s（0.1分），同时蜂鸣器鸣叫（0.1分）	0.5		

续表

内容	分值	得分与扣分	配分	得分	项目分
第一订单生产	8.5	触摸屏原料加工指示灯绿色闪烁（0.1 分），加工完成后恢复为黄色常亮（0.1 分）	0.2		
		加工过程结束时，按下"暂停"按钮，暂停有效（0.1 分）	0.1		
		裁判指令：料盘中摆放工件，出口顺序依次为白、金、黑、黑、白、金，再次按下"暂停"按钮			
		裁判注意：下述进入产品生产流程			
		在生产过程中，触摸屏原料加工指示灯绿色闪烁（0.2 分）	0.2		
		加工过程结束，该指示灯恢复黄色（0.1 分）	0.1		
		第 1 工件：料盘电动机启动（0.1 分），送出白色工件后暂停（0.1 分）	0.2		
		带输送机正转（0.1 分），频率 25Hz（0.1 分）	0.2		
		工件经过传感器检测后带输送机暂停 2s（0.1 分）	0.1		
		触摸屏"当前生产产品编号"为 2001（0.1 分）	0.1		
		白色工件送入出料口 2（0.1 分）	0.1		
		触摸屏表格对应位置数值加 1（0.1 分）	0.1		
		触摸屏"当前生产产品编号"清空（0.1 分）	0.1		
		第 2 工件：料盘电动机启动（0.1 分），送出金属工件后暂停（0.1 分）	0.2		
		带输送机正转（0.1 分），频率 25Hz（0.1 分）	0.2		
		工件经过传感器检测后带输送机暂停 2s（0.1 分）	0.1		
		带输送机反转（0.1 分），频率 30Hz（0.1 分）	0.2		
		金属工件送入工位 C（0.1 分）	0.1		
		机械手抓取工件送回料盘（0.1 分）	0.1		
		第 3 工件：料盘电动机启动（0.1 分），送出黑色工件后暂停（0.1 分）	0.2		
		带输送机正转（0.1 分），频率 25Hz（0.1 分）	0.2		
		工件经过传感器检测后带输送机暂停 2s（0.1 分）	0.1		
		触摸屏"当前生产产品编号"为 2002（0.1 分）	0.1		
		黑色工件送入出料口 2（0.1 分）	0.1		
		触摸屏表格对应位置数值加 1（0.1 分）	0.1		
		触摸屏"当前生产产品编号"清空（0.1 分）	0.1		
		料盘再次送出黑色工件，工件进入出料口 2（配分与第 3 工件相同）	0.9		
		触摸屏状态栏显示"订单 10001 生产完成"（0.1 分）	0.1		
		裁判注意：下述进入工件回收流程，最后两个工件允许手动推出			
		在工件回收过程中，触摸屏工件回收指示灯绿色闪烁（0.1 分），回收过程结束，该指示灯恢复黄色（0.1 分）	0.2		
		料盘电动机启动（0.1 分），送出白色工件后暂停（0.1 分），带输送机运行（0.1 分），传感器检测出工件材质后带输送机反转（0.1 分），工件送到工位 C，机械手抓取工件放到工位 A（0.1 分）	0.5		
		料盘再次送出金属工件，工件放回工位 B（配分与上述工件相同）	0.5		
		裁判指令：工件回收结束时，按下"暂停"按钮，观察触摸屏数据，再次按下"暂停"按钮继续运行			

内容	分值	得分与扣分		配分	得分	项目分
第一订单生产	8.5		触摸屏状态栏显示"订单10000等待生产"（0.1分）	0.1		
			显示"订单切换"按钮	0.1		
			按下"订单切换"按钮，该按钮消失（0.1分）	0.1		
			"订单编号"变更为10000（0.1分），表格区域显示产品数量依产品编号顺序为1，0，0，1，1，0（每个数据正确0.1分）	0.7		
第二订单生产	12.6	按键	裁判指令：工位A、工位B、工位C对应放白、金、黑3种工件，选手注意补料			
			按下"启动"按钮，机械手分别到工位A、工位B、工位C抓取对应的白、金、黑工件各1个放入料盘中，完成后（抓成功一个得0.1分），料盘的直流电动机旋转3s（0.1分）	0.4		
			机械手再次到A、B、C工位各抓取1个工件放入料盘（抓成功一个得0.1分），完成后，直流电动机再次旋转2s（0.1分），同时蜂鸣器鸣叫（0.1分）	0.5		
			触摸屏原料加工指示灯绿色闪烁（0.1分），加工完成后恢复为黄色常亮（0.1分）	0.2		
			裁判指令：按下"暂停"按钮。料盘中摆放工件，出口顺序依次为金、黑、白，再次按下"暂停"按钮，系统继续运行			
			裁判注意：下述进入产品生产流程			
			在生产过程中，触摸屏"原料加工"指示灯绿色闪烁（0.1分），加工过程结束，该指示灯恢复黄色（0.1分）	0.2		
			料盘电动机启动（0.1分），送出金属工件后暂停（0.1分）	0.2		
			带输送机正转（0.1分），工件经过传感器检测后带输送机暂停2s（0.1分）	0.2		
			裁判指令：按下"暂停"按钮，观察触摸屏			
			触摸屏当前生产产品编号显示"2000"（0.1分）	0.1		
			裁判指令：再次按下"暂停"按钮，继续运行			
			金属工件送入出料口3（0.2分）	0.2		
			触摸屏表格出料口3，产品2000位置数值加1（0.1分）"当前生产产品编号"清空（0.1分）	0.2		
			料盘电动机启动（0.1分），送出黑色工件后暂停（0.1分），然后带输送机正转（0.1分），工件经过传感器检测后带输送机暂停2s（0.1分）	0.4		
			触摸屏当前生产产品编号显示"2003"（0.1分）	0.1		
			料盘电动机启动（0.1分），送出白色工件后暂停（0.1分），然后带输送机正转（0.1分），工件经过传感器检测后带输送机暂停2s（0.1分）	0.4		
			带输送机反转（0.1分），白色工件送入工位C（0.1分），带输送机正转到适当位置（0.1分）	0.3		
			机械手抓取工件送回料盘（0.1分）	0.1		
			裁判指令：按下"暂停"按钮，料盘中摆放工件，出口顺序依次为金、白、白、黑，再次按下"暂停"按钮，系统继续运行			
			料盘电动机启动（0.1分），送出金属工件后暂停（0.1分），带输送机正转（0.1分），工件经过传感器检测后带输送机暂停2s（0.1分），金属工件送入出料口3（0.1分），金属工件送入出料口3（0.1分）	0.6		
			触摸屏表格出料口3，产品2003位置数值加1（0.1分）"当前生产产品编号"清空（0.1分）	0.2		
			料盘电动机启动（0.1分），送出白色工件后暂停（0.1分），带输送机正转（0.1分），工件经过传感器检测后带输送机暂停2s（0.1分），白色工件送到工位C（0.1分），机械手将该工件放入料盘（0.1分）	0.6		

续表

内容	分值	得分与扣分	配分	得分	项目分
第二订单生产	12.6	料盘送出白色工件，白色工件送到工位 C，机械手将该工件放入料盘（配分同上一个工件）	0.6		
		料盘送出黑色工件，黑色工件送到工位 C，机械手将该工件放入料盘（配分同上一个工件）	0.6		
		裁判注意：系统将启动原料加工过程			
		机械手分别到工位 A、工位 B、工位 C 抓取对应的白、金、黑工件各 1 个放入料盘中，完成后（抓成功一个得 0.1 分），料盘的直流电动机旋转 3s（0.1 分）	0.4		
		机械手再次到 A、B、C 工位各抓取 1 个工件放入料盘（抓成功一个得 0.1 分），完成后，直流电动机再次旋转 2s（0.1 分），同时蜂鸣器鸣叫（0.1 分）	0.5		
		触摸屏原料加工指示灯绿色闪烁（0.1 分），加工完成后恢复为黄色常亮（0.1 分），加工过程中，设备上红色和绿色警示灯闪烁（0.1 分），并持续 3s（0.1 分）	0.4		
		裁判注意：原料加工过程结束，再次进入生产流程			
		裁判指令：按下"暂停"按钮，料盘中摆放工件，出口顺序依次为金、黑、白，再次按下"暂停"按钮，系统继续运行			
		料盘电动机启动（0.1 分），送出金属工件后暂停（0.1 分），带输送机正转（0.1 分），工件经过传感器检测后带输送机暂停 2s（0.1 分）	0.4		
		触摸屏当前生产产品编号显示"2004"（0.1 分）	0.1		
		料盘电动机启动，送出黑色工件后暂停（0.1 分），带输送机正转（0.1 分），工件经过传感器检测后带输送机暂停 2s（0.1 分），带输送机反转（0.1 分），黑色工件送入工位 C（0.1 分），机械手抓取工件送回料盘（0.1 分）	0.6		
		料盘电动机启动（0.1 分），送出白色工件后暂停（0.1 分），带输送机正转（0.1 分），工件经过传感器检测后带输送机暂停 2s（0.1 分）	0.4		
		金属件送入出料口 3（0.1 分），白色工件送入出料口 3（0.1 分）	0.2		
		触摸屏表格出料口 3，产品 2004 位置数值加 1（0.1 分）	0.1		
		"当前生产产品编号"清空（0.1 分）	0.1		
		裁判指令：按下"暂停"按钮			
		触摸屏状态栏显示"订单 10000 生产完成"（0.1 分）	0.1		
		裁判指令：再次按下"暂停"按钮，继续运行，后续将进入工件回收			
		在工件回收过程中，触摸屏工件回收指示灯绿色闪烁（0.1 分），回收过程结束，该指示灯恢复黄色（0.1 分）	0.2		
		料盘送出金属工件，工件放回工位 B（完成得 0.6 分）	0.6		
		料盘送出 3 个白色工件，工件放回工位 A（配分与上述工件相同，每完成一个得 0.4 分）	1.2		
		料盘送出 3 个黑色工件，工件放回工位 C（配分与上述工件相同，每完成一个得 0.3 分）	0.9		
		回收结束，第二订单生产结束			
		触摸屏状态栏显示"无订单等待生产"（0.1 分），运行指示灯变为黄色（0.1 分），制造单元上的警示灯熄灭（0.1 分）	0.3		
过程与调试记录	10	调试过程中没有人为帮助完成整个流程的，得 10 分；在人为协助情况下完成流程的，最多得 5 分；无法实现调试过程的，此项不得分	10		

注：2018 年全国职业院校技能大赛总分 100 分。其中，理论部分 30 分，机械安装评分与功能评分 70 分。

附录3 2019年江苏省中等职业学校机电一体化组装与调试竞赛任务书（教师组）

2019年江苏省中等职业学校机电一体化设备组装与调试项目

机电一体化设备组装与调试

工

作

任

务

书

江苏·南京

2019年5月

本次组装与调试的机电一体化设备为分拣生产线。请仔细阅读相关说明，理解应完成的工作任务与要求，在 180min 内按要求完成指定的工作。

一、工作任务与要求

1）按任务书中附图 3-1 组装设备。

2）根据控制要求连接电路。

① 凡是连接的导线，必须套上写有编号的编号管。交流电动机金属外壳与变频器的接地极必须可靠接地。

② 工作台上各传感器、电磁阀控制线圈、送料直流电动机、警示灯的连接线，必须放入线槽内；为减小对控制信号的干扰，工作台上交流电动机的连接线不能放入线槽。

3）按设备装置气动系统图（附页图号 03）连接生产线设备气路，并满足图样提出的技术要求。

4）请正确理解设备的调试、设备组装要求和故障状态处理等，编写设备的 PLC 控制程序和设置变频器的参数，根据题意完成人机界面的相关工作要求。

注意：在使用计算机编写程序时，请你在 D 盘或 E 盘随时保存已编好的程序，保存的文件名为工位号加 A（如 3 号工位文件名为 "3A"）。

5）请调整传感器的位置和灵敏度，调整机械部件的位置，完成生产线设备的整体调试，使生产线设备能按照要求完成任务。

二、分拣生产线说明

分拣生产线是对金属件、白色塑料件和黑色塑料件 3 种工件进行加工分拣的机电一体化设备。设备组成及各部件名称如附图 3-1 所示。

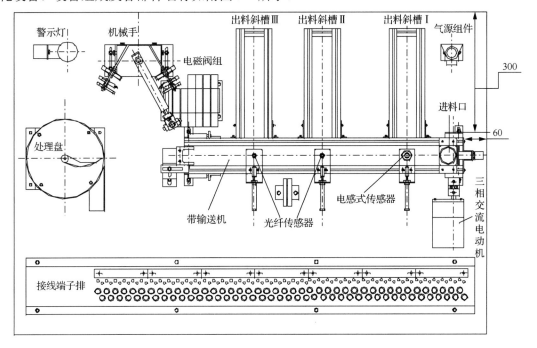

附图 3-1 分拣生产线部件组装图与各部件的名称

分拣生产线设备有"调试"和"生产"两种模式。转换开关 SA1 转到左边，设备处于"调试"模式；转换开关 SA1 转到右边，设备处于"运行"模式。生产模式共有两种工作方式，SA2 转到左边为工作方式一，SA2 转到右边为工作方式二。无论设备工作处于哪种模式，按下"急停"按钮，设备立刻停止工作，确保安全。

1．设备的初始位置

启动前，设备的运动部件必须在规定的位置，这些位置称为初始位置。有关部件的初始位置：机械手的悬臂靠在左限位置，手臂气缸的活塞杆缩回，悬臂气缸缩回，手指松开，位置 A、B、C 的气缸活塞杆缩回，接料盘、带输送机的拖动电动机不转动。

开机后绿色警示灯闪亮，指示接通电源。如果设备不在初始位置，红色警示灯闪亮；如果设备在初始位置，红色警示灯熄灭，请自行选择一种复位方式进行复位，使设备处于初始位置。

2．调试模式

设备在投入运行前必须经过调试，检查各运动元件或部件是否能正常工作，以确保生产过程中的设备可靠运行。将转换开关 SA1 转到左边，指示灯 HL1 常亮，提示设备处于"调试"模式。通过按钮盒对应的按钮或人机界面上对应的按钮进行调试操作。

（1）送料直流电动机调试

要求送料直流电动机启动后没有卡阻、转速异常或不转等情况。

按下触摸屏调试界面上的"直流电机"按钮，送料直流电动机转动，释放触摸屏调试界面上的"直流电机"按钮，送料直流电动机停止，如此反复按下和释放按钮，可调试送料直流电动机的运行。

（2）机械手调试

要求各气缸活塞杆动作速度协调，无碰擦现象；每个气缸的磁性开关安装位置合理、信号准确；最后机械手停止在左限止位置，气动手指松开，其余各气缸活塞杆处于缩回状态。

按下触摸屏调试界面上的"机械手"按钮，机械手悬臂气缸伸出，前限位传感器检测到信号→机械手手臂气缸下降，下限位传感器检测到信号→机械手手指气缸抓紧，抓紧限位传感器检测到信号→机械手手臂气缸上升，上限位传感器检测到信号→机械手手臂气缸缩回，后限位传感器检测到信号→机械手旋转气缸右转，右限位传感器检测到信号→机械手悬臂气缸伸出，前限位传感器检测到信号→机械手手臂气缸下降，下限位传感器检测到信号→机械手手指气缸松开，抓紧限位传感器检测到信号→机械手手臂气缸上升，上限位传感器检测到信号→机械手手臂气缸缩回，后限位传感器检测到信号→机械手旋转气缸左转，左限位传感器检测到信号，机械手停止。如此反复按下触摸屏调试界面上的"机械手"按钮，可调试各个气缸的动作情况。

（3）带输送机调试

要求带输送机在调试过程中不能有不转、打滑或跳动过大等异常情况。

按下触摸屏调试界面上的"皮带输送机"按钮，带输送机的三相交流异步电动机以 25Hz 的频率正转（从 A 向 C），4s 后提速到 35Hz，释放触摸屏调试界面上的"皮带输送机"按钮，交流电动机停止运行。如此反复按下按钮，可调试带输送机的运行。

（4）推料气缸的调试

要求各气缸活塞杆动作速度协调，无碰擦现象；最后各个气缸活塞杆处于缩回状态。

按下触摸屏调试界面上的"推料气缸"按钮，气缸活塞杆按 A、B、C 位置逐个伸出；释放触摸屏调试界面上的"推料气缸"按钮，气缸活塞杆按 C、B、A 顺序逐个回缩。如此反复按下按钮，可调试各个气缸的动作情况。

3．运行模式

将转换开关 SA1 转到右边，指示灯 HL2 常亮，提示设备处于"运行"模式。

（1）工作方式一

将转换开关 SA2 转到左边，按下设备启动按钮 SB5，指示灯 HL3 以 1Hz 闪亮，指示设备处于"工作方式一"运行。人工从进料口放入工件，当皮带输送机进料口光电传感器检测到工件信号后，带输送机以 35Hz 由位置 A 向位置 C 的方向运行，运送工件到指定的位置进行分拣：

1）Ⅰ槽套件必须满足第一个是金属、第二个是白色、第三个是黑色的要求。

2）Ⅱ槽为Ⅰ槽套件不需要的白色塑料工件。

3）Ⅲ槽为Ⅰ槽套件不需要的黑色塑料工件。

4）Ⅰ槽套件不需要的金属工件机械手以合理的方式抓进处理盘。

在分拣过程中，按设备停止按钮 SB6，设备完成当前元件分拣后停止。Ⅰ槽完成一套的生产任务，设备自动停止。设备停止，指示灯 HL3 熄灭。

（2）工作方式二

将转换开关 SA2 转到右边，按下设备启动按钮 SB5，指示灯 HL3 以 2Hz 闪亮，指示设备处于"工作方式二"运行。人工从进料口放入工件，当带输送机进料口光电传感器检测到工件信号后，带输送机以 25Hz 由位置 A 向位置 C 的方向运行，运送工件到指定的位置进行分拣：

1）Ⅰ槽和处理盘进料套件必须满足触摸屏的设定要求。

2）Ⅱ槽为Ⅰ槽和处理盘套件不需要的白色塑料工件。

3）Ⅲ槽为Ⅰ槽和处理盘套件不需要的黑色塑料工件。

4）Ⅰ槽和处理盘套件不需要的金属工件需要合理地人工处理。

5）触摸屏设定Ⅰ槽套件的工件数不超过 3 个。

6）触摸屏设定处理盘套件的工件数不超过 2 个。

7）Ⅰ槽和处理盘均需要的工件，Ⅰ槽优先。

在分拣过程中，按设备停止按钮 SB6，设备完成当前工件分拣后停止。Ⅰ槽完成一套设定料并且接料盘进一套设定料，设备自动停止。设备停止，指示灯 HL3 熄灭。

4．触摸屏的制作

正确设置触摸屏与 PLC 的通信参数，保证触摸屏操作与统计。设备调试界面和运行界面分别如附图 3-2～附图 3-4 所示，其中触摸屏运行界面上需要统计Ⅰ槽、Ⅱ槽、Ⅲ槽、接料盘在工作方式一或工作方式二的进料数，切换工作方式前需要将数据手动清零。工作方式二在运行界面二的数据设定区设定Ⅰ槽和处理盘进料工件顺序和数量。

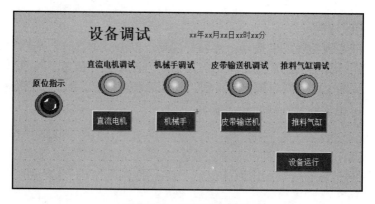

附图 3-2　设备调试界面

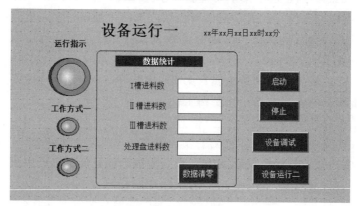

附图 3-3　运行界面 1

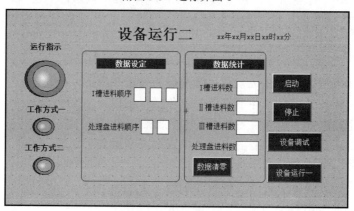

附图 3-4　运行界面 2

2019 年江苏省机电一体化设备组装与调试竞赛配分表（教师组）如附表 3-1 所示。

附表 3-1　2019 年江苏省机电一体化设备组装与调试竞赛配分表（教师组）

项目	配分点	配分	要求描述
机械部件组装 （20 分）	料盘组装	2	安装位置与符合要求
	警示灯安装	2	警示灯安装支架不倾斜，警示灯平台水平安装
	传输带安装	4	安装尺寸正确，安装符合要求

续表

项目		配分点	配分	要求描述
机械部件组装 （20分）		机械手安装	4	安装位置、传感器等符合图样要求
		光纤传感器	1	安装符合要求
		触摸屏	1	安装符合要求
		推料气缸滑槽	3	安装符合要求
		接线排、线槽、电磁阀组等	3	安装符合要求，电磁阀选择正确
气路连接 （10分）		连接正确	4	安装位置符合要求，长度合适、不漏气
		气路连接工艺	6	气路横平竖直、走向合理，固定与绑扎间距符合要求
电路连接 （12分）		电路连接及工艺	6	电路连接正确、走向合理，固定与绑扎间距符合要求
		套异形管及写编号	4	按工艺要求套管、编号
		保护接地	2	模块、设备可靠接地
设备调试 （10分）		调试界面	10	部件齐全，功能正确
		初始位置、电源		初始位置指示正确，电源指示正确
		直流电动机调试		送料直流电动机调试正确
		机械手调试		机械手动作顺序正确
		带输送机调试		带输送机运行频率正确，方向正确
		推手气缸调试		推手气缸动作正确
		界面转换		完成界面跳转
设备运行 （28分）	工作方式一	运行界面1	10	部件齐全，功能及显示正确
		运行指示灯		运行指示正确
		带输送机运行频率		带输送机运行频率、方向正确
		出料斜槽I		满足任务书要求并能准确推入出料斜槽I
		出料斜槽II		满足任务书要求并能准确推入出料斜槽II
		出料斜槽III		满足任务书要求并能准确推入出料斜槽III
		处理盘		满足任务书要求并能准确抓入处理盘
		设备停止		停止正确
	工作方式二	运行界面2	12	部件齐全，功能及显示正确
		运行指示灯		运行指示正确
		带输送机运行频率		带输送机运行频率、方向正确
		出料斜槽I		满足任务书要求并能准确推入出料斜槽I
		出料斜槽II		满足任务书要求并能准确推入出料斜槽II
		出料斜槽III		满足任务书要求并能准确推入出料斜槽III
		优先		优先关系满足要求
		处理盘		满足任务书要求并能准确抓入处理盘
		设备自动停止		停止正确
	急停	紧急停止	2	按下急停按钮立刻停止所有动作
	整机调试	机械部件位置调节	2	机械手能准确爪住板料，将物件放在指定位置，带输送平稳，不跑偏
		气缸与传感器	2	推送气缸动作平稳，传感器安装位置、灵敏度调节符合要求
作品点评 （10分）		功能调试点评	4	赛项任务质量分析
		工艺规范点评	4	赛项所涉及的工艺规范
		赛项与专业关联点评	2	赛项所涉及的知识点和技能点，及其在人才培养中的作用

2019年江苏省机电一体化设备组装与调试竞赛工作过程配分表如附表3-2所示。

附表 3-2　2019 年江苏省机电一体化设备组装与调试竞赛工作过程配分表

项目	分值	考评点	得分	备注
工作过程（10 分）	1	身着工作服，穿电工绝缘鞋，符合职业岗位要求		
	1	不带电连接、改接电路，通电调试电路经考评人员同意		
	1	操作符合规范，未损坏零件、元件和器件		
	1	设备通电、调试过程中未发生熔断器熔断或剩余电流断路器动作或安装台带电		
	1	工具、量具摆放，零部件摆放符合规范，不影响操作		
	1	插拔气管须在泄压情况下进行		
	1	爱护赛场设备设施，不浪费材料		
	1	工作结束后，清理工位，整理工具、量具，现场无遗留		
	2	遵守考场纪律，服从考评员指挥，积极配合赛场工作人员，保证测试顺利进行		

注：2019 年江苏省中等职业学校机电一体化设备组装与调试竞赛（教师组）总分 100 分。其中，竞赛配分 90 分，竞赛工作过程配分 10 分。

参 考 文 献

程周，2010. 机电一体化设备组装与调试备赛指导[M]. 北京：高等教育出版社.

杨少光，2009. 机电一体化设备的组装与调试[M]. 南宁：广西教育出版社.